MICHAEL MARTIN

mit Sabine Wünsch

DAS WESEN DER WÜSTE

MICHAEL MARTIN
mit Sabine Wünsch

DAS WESEN DER WÜSTE

Wie der Sand in die Wüste kommt und weshalb die Dünen singen – die Entdeckung einer faszinierenden Welt

LUDWIG

Klimaneutral
Druckprodukt
ClimatePartner.com/12537-1707-1001

FSC www.fsc.org
MIX
Papier aus verantwortungsvollen Quellen
FSC® C014889

Verlagsgruppe Random House FSC® N001967

2. Auflage

Neumarkter Straße 28, 81673 München
Redaktion: Thomas Tilcher
Beratung: Stefan Linde
Umschlaggestaltung: Eisele Grafik-Design, München,
unter Verwendung der Fotos von Michael Martin (Vorderseite),
Jörg Reuther (Rückseite), Elfriede Martin (hintere Klappe)
Fotos: Michael Martin, ausgenommen Fließtext S. 20: Gerhard Martin,
S. 49: Achim Mende, S. 65, S. 119, S. 177: Elke Wallner, S. 275: Jörg Reuther;
Bildteil S. 28 unten: Jörg Reuther, S. 45 unten: Katja Kreder
Bildredaktion: Tanja Zielezniak
Satz: Leingärtner, Nabburg
Druck und Bindung: Pustet, Regensburg
Printed in Germany
ISBN: 978-3-453-28121-9

www.ludwig-verlag.de

Für meine Eltern Gerda und Gerhard †,
meine Kinder Gina und David
und meine Frau Elly

Inhalt

Den wahren Geschmack des Wassers
erkennt man in der Wüste.

JÜDISCHES SPRICHWORT

In der Wüste spürt man das Fließen der Zeit.

ANTOINE DE SAINT-EXUPÉRY

Einleitung

Die Wüste ist für viele Menschen etwas Seltenes, Exotisches, dabei sind Wüsten in ihrer Gesamtheit die größte Naturlandschaftszone der Welt: Ein Drittel der Landoberfläche besteht aus Wüsten oder Halbwüsten. Rechnet man die Polargebiete dazu, sind es sogar knapp 50 Prozent. Damit nehmen Wüsten weit mehr Fläche ein als Regenwälder, Savannen, Steppen oder Gebirge. Das bedeutet: Lässt man die Ozeane beiseite und betrachtet nur das Land, ist die Erde eigentlich eher ein Wüstenplanet. Dennoch ist unser Wissen über die Wüste erstaunlich gering; in unserer Wahrnehmung führt sie ein Schattendasein, ebenso im Film, in Büchern, in Fotokalendern und so weiter.

Warum ist das so? Ich denke, das hat damit zu tun, dass nur wenige Europäer je in einer Wüste waren, obwohl die größte von ihnen praktisch vor unserer Haustür liegt. Selbst auf dem Land- und Seeweg braucht es nur zwei, drei Tage, um in die Sahara zu gelangen. Mit dem Flugzeug geht es sogar innerhalb weniger Stunden. Wer auf die andere Seite des Mittelmeers reiste, war jedoch eher an den Stränden als an der Wüste interessiert. Wirtschaftlich und politisch spielten die dortigen Länder wie Algerien, Libyen, Mauretanien, Niger, Mali, Tschad oder Sudan für uns bis vor wenigen Jahren kaum eine Rolle. Erst durch die Flüchtlingskrise sind sie als Transitländer ins Visier geraten und in das öffentliche Bewusstsein gedrungen.

Verbreitet ist immer noch das Klischee, dass es in der Wüste außer Sand nichts gibt, dass die Wüste »wertlos« sei – was unter anderem dazu führte, dass sie in etlichen Ländern von den USA über das heutige Algerien, in Indien und China bis nach Australien für zahlreiche Atomwaffentests herhalten musste. Wenn im Regenwald Bäume abgeholzt werden, ist der Aufschrei – mit Recht – groß, wenn jedoch der Wüste Wunden geschlagen werden, um ihre Schätze auszubeuten, erklingt nicht einmal ein Raunen. Das Leben in der Wüste mag zwar nicht so präsent und überquellend sein wie im Regenwald oder in der Savanne, ist aber nicht weniger faszinierend.

Ich als Wüstenfan sage: Die Wüste ist schön, atemberaubend, ein faszinierender Teil unserer Natur. Auf der anderen Seite engagiere ich mich unter anderem für die Arbeit der Wüstenkonvention UNCCD, die einen fürchterlich sperrigen offiziellen Namen hat: United Nations Convention to Combat Desertification in those Countries Experiencing Serious Drought and/or Desertification, particularly in Africa, und der GEF (Global Environment Facility), die gegen die sogenannte Desertifikation kämpfen, die Ausbreitung der Wüste. Ein Widerspruch? Nein, auch ein Fluss kann schön sein, solange er nicht über die Ufer tritt und verheerende Schäden anrichtet. Da, wo die Wüste unter den heutigen Klimabedingungen »hingehört«, nämlich in die Passatwindzone und ins Herz großer Kontinente, ist sie schlicht ein Teil unserer Erde. Doch da, wo sie sich durch Eingriffe des Menschen ausdehnt, weil er ihre Ränder übernutzt, indem er zu viele Tiere weiden lässt, zu viele Brunnen bohrt und so den Grundwasserspiegel senkt, zu viel Holz schlägt, da muss ihr beziehungsweise dem Menschen Einhalt geboten werden. Und so richtet sich die Wüstenkonvention nicht gegen die Wüste an sich, sondern gegen die menschengemachte Wüste, dagegen, dass aus der Halbwüste und der Dornbusch- oder Dornstrauchsavanne ebenfalls Wüsten werden.

Daher finde ich auch Fragen wie »Was nützt uns die Wüste?« völlig unsinnig. Genauso könnte man fragen: »Was nützt uns der Himalaja?« oder »Was nützen uns die Alpen?«. Die Wüste hat genauso ihre Berechtigung wie so manches andere, was wir für überflüssig und unnötig halten mögen: eine Stechmücke oder ein Skorpion, eine Distel oder ein Löwenzahn.

Unsere Vorstellungen von der Wüste stecken voller Klischees: Sand, Dünen, Hitze und Schlangen. Das klingt nicht sehr spannend, und dennoch lösen sie bei den Menschen etwas aus. Wobei die Assoziationen ganz unterschiedlich sind und von langweiliger Einöde bis hin zu großer Gefahr reichen. In der Regel haben die Menschen aber völlig falsche Vorstellungen von der Wüste. Sand ist in der Wüste eher selten, ebenso Dünen. Wobei Sand ungeheuer vielseitig sein kann. Die Körnchen können rund, eckig und oval sein, unterschiedlich groß, weiß, braun, schwarz, einfarbig oder gesprenkelt … Der Sandsammler Daniel Helber hat bei *Wetten, dass …* einmal fünf Sande richtig zugeordnet, die Thomas Gottschalk willkürlich aus 250 Sandproben aus 130 Ländern ausgewählt hatte.[1] Bislang hat Daniel Helber über 7 500 Sande aus über 200 Ländern gesammelt.[2] Und er ist nur einer von vielen. Es gibt Vereine von Sandsammlern, spezielle Auktionen, einschlägige Zeitschriften, Ausstellungen, Tauschbörsen und, und, und.

Eintönig ist die Wüste schon gar nicht, denn es gibt unzählige Spielarten. Die Gefahr, sich zu verirren und zu verdursten, gehört dank GPS der Vergangenheit an, das Risiko, in einen Sandsturm zu geraten, liegt praktisch bei null, wenn man zur richtigen Zeit reist, nämlich im Winter. Dann sind auch die Temperaturen angenehm. Auf Schlangen zu treffen ist auch eher die Ausnahme als eine alltägliche Bedrohung. In den 40 Jahren, die ich nun durch die Wüsten der Erde reise, habe ich zwar etliche Exemplare gesehen, hatte aber nicht einmal eine Handvoll kritischer Begegnungen mit diesen Tieren. Wenn es eine Gefahr in der Wüste gibt, dann geht sie von Menschen aus, von einander bekämpfenden Volksgruppen, von Rebellen, Schmugglern oder Islamisten. Doch das ist kein wüstentypisches, sondern ein menschengemachtes und regionales Problem.

Die Wüste hält eine Palette von Angeboten für unterschiedlichste Menschen bereit: für den Trekkinggeher, den Outdoorfan, den Hobbyastronomen, den Abenteurer … Dem Yogi und Meditierenden dient sie als Kulisse mit wenig Ablenkungen, der religiöse Mensch sucht in ihrer Leere und Stille die Nähe zu Gott, der Gestresste Erholung. Insofern ist die Wüste auch eine Projektionsfläche für Wünsche und Sehnsüchte. Wieder andere zieht es aus gänzlich profanen Gründen in die Wüste: Der Rallyefahrer will in ihrem unwegsamen Gelände seine Fahrkünste testen, der Marathonläufer seine Grenzen ausloten. Den Minenbetreiber und den Erdölkonzern interessieren die Bodenschätze und den Solarstromerzeuger lediglich die 350 Sonnentage pro Jahr. Für die Wüstenbewohner wiederum ist sie ihr Lebensraum, nicht mehr, aber auch nicht weniger.

Faszination Wüste

Manchmal wünschte ich, ich hätte das literarische Talent eines Antoine de Saint-Exupéry, der in seinem Roman *Nachtflug* oder in seinem Erlebnisbericht *Wind, Sand und Sterne* die Wüste so wunderbar beschrieben hat. Doch ich bin kein Romancier, eher ein »nüchterner Romantiker«.

Die Faszination, die die Wüste auf mich – und auf viele Menschen gerade aus unserem Kulturkreis – ausübt, liegt darin, dass sie in krassem Gegensatz zu unserem Lebensraum und überhaupt unserem Leben steht. Wir leben in einem extrem unübersichtlichen Umfeld. Egal, ob man sich in unseren Städten zurechtzufinden versucht, in den Tarifsystemen des öffentlichen Nahverkehrs, in den Vorschriften beim Hausbau, im Dickicht der unterschiedlichen Leistungen von zig verschiedenen Krankenversicherungen: Es ist kompliziert. Auch die europäische Topografie ist unübersichtlich: Berge, Wälder, Felder, Wiesen, Moore, Seen, überall Dörfer, Städte, Windräder, Strommasten – und alles durchzogen von Autobahnen und Bundesstraßen. Es ist ein Übermaß an Infrastruktur, Informationen, an Ansprüchen und Anforderungen, aber auch an Möglichkeiten, mit denen wir Tag für Tag konfrontiert werden.

Eine beinahe ständige Reizüberflutung malträtiert zudem unsere Sinne. Man muss sich einmal vergegenwärtigen, was alles auf uns einlärmt: Stimmen von Menschen und Tieren, der Radau von Motoren, Hupen, quietschenden Bremsen, Musik aus fremden Kopfhörern, Durchsagen an Bahnhöfen, in den Verkehrsmitteln, in Kaufhäusern, das Rascheln von achtlos weggeworfenem Papier, um nur einiges zu nennen. Ähnlich ist es mit optischen Reizen. Unseren Augen ist im Grunde nur im Schlaf Erholung vergönnt. Die restliche Zeit werden sie im Sekundentakt von Bildern bestürmt. Wohin man schaut Menschen, Tiere, Gebäude, Fahrzeuge, Straßenschilder und Werbung, Werbung, Werbung. Alles bunt und vieles davon in ständiger Bewegung. Dass der durchschnittliche Deutsche pro Tag über 5 000 Werbekontakte hat, ist zwar ein Mythos des Medienalltags, doch bei realistischer Schätzung kommt man, abhängig unter anderem davon, wie lange man vor dem Fernseher sitzt oder im Internet surft, immerhin noch auf 500 bis 1 000.[3] Selbst das ist erschreckend viel. Auch die Nase muss einiges verkraften, ist einem beständigen olfaktorischen Angriff zahlreicher angenehmer wie unangenehmer Gerüche ausgesetzt: Deos, Parfüms, Abgase, Schweiß, um nur ein paar zu nennen.

In der Wüste hingegen ist alles auf ein Mindestmaß reduziert. Sie ist klar, übersichtlich, weit, rein und auf eine angenehme Art und Weise »leer« und still. Sie ist Erholung pur für unsere Sinne. Das schafft Platz zum Durchatmen und verleiht – fernab von jeglicher Religion, Spiritualität oder Esoterik – inneren Frieden.

Was mich neben der Klarheit und Ruhe vom ersten Augenblick an faszinierte, war der Dreiklang aus fotografischem Motiv, Geografie und Abenteuer, ein Dreiklang, der durch die folgenden 40 Jahre schwang. Die Fotografie war neben der Astronomie seit meiner Kindheit ein Hobby. Erdkunde, wie der Geografieunterricht in meiner Jugend noch hieß, war mein Lieblingsfach in der Schule, und Abenteuer hatten mich schon immer gelockt. Für ein Kind und einen Jugendlichen ist das sicher nicht verwunderlich, doch ich bin, was das angeht, Kind geblieben; bei mir hält die Abenteuerlust bis zum jetzigen Tag an.

Abenteuer zu erleben ist heute allerdings schwieriger geworden, weil auch die Wüsten immer mehr erschlossen werden, weil ich inzwischen sehr viele Erfahrungen sammeln konnte und weil die Technik immer ausgereifter wurde. Meine abenteuerlichsten und auch gefährlichsten Wüstenreisen waren die in den 1980er-Jahren, als die Wüste für mich Neuland war, als es weder GPS noch Satellitentelefone gab und die Fahrzeuge nicht so zuverlässig waren wie heutzutage.

Dafür gab es damals eine andere, weit größere Gefahr noch nicht: die Islamisten. Wenn man »Glück« hat, nutzen sie einen als Geisel, um Lösegeld zu erpressen, und es findet sich jemand, der einen auslöst. Anderenfalls bringen sie einen um. Ich liebe das Abenteuer, das bedeutet aber nicht, dass ich mein Leben leichtfertig aufs Spiel setze. Seit Jahren ist die Sahara daher für mich tabu, und es ist fraglich, ob ich die »Königin der Wüsten« jemals wiedersehen werde.

Von den Sternen zur Erde

Als Junge hatte ich genauso wenig eine Vorstellung von der Wüste wie jeder andere Schüler. Ich war damals begeisterter, fast schon fanatischer Hobbyastronom. Auf dem Garagendach meiner Eltern hatte ich mir eine kleine Sternwarte eingerichtet und selbst ein großes Teleskop gebaut. Ich war sehr stark in der Jugendgruppe der Volkssternwarte von Diedorf im schwäbischen Landkreis Augsburg engagiert, machte Führungen. Alles drehte sich um Sterne. Mädchen interessierten mich überhaupt nicht, die Schule nicht viel mehr. Mein größtes Problem damals war die Lichtverschmutzung. Denn zwischen meiner Sternwarte in Gersthofen und dem Südhimmel mit seinen vielen interessanten Objekten liegt Augsburg, dessen Lichterschein keine gute Sicht auf die Sterne und Gasnebel erlaubte.

Schon mit 14 radelten mein Freund Achim, ebenfalls begeisterter Hobbyastronom, und ich daher am Wochenende oft ins Berwangtal nach Tirol, um vom 2000 Meter hohen Hönig aus eine bessere Sicht auf die Sterne zu genießen. Im Gepäck Teleskope, Kameras und Stative. Zum Glück hatte ich weltoffene, tolerante Eltern – wenngleich mein Vater ein eher vorsichtiger Mann mit einem großen Sicherheitsbedürfnis war –, und wir machten ja auch etwas Sinnvolles. Wenn wir erst morgens um vier nach Hause zurückkehrten, kamen wir von der Volkssternwarte, nicht aus der Disco. Besonders mein Vater unterstützte

Schon als Schüler übten die Sterne eine große Faszination auf mich aus und führten mich mit 17 zum ersten Mal in die Wüste.

mein Interesse an den Sternen, machte sogar Vorschläge für unsere Routen, wenn wir nach Österreich und später bis nach Italien radelten. Die Grenzposten interessierten sich damals überhaupt nicht für uns, winkten uns einfach durch. Vermutlich wirkten wir trotz unserer langen Mähnen harmlos.

Ein paar Jahre später, mit 17, war uns das nicht mehr genug. Denn bis dorthin, wo die Milchstraße wirklich interessant wird, mit Gasnebeln und Dunkelwolken, wo die beeindruckenden Sternbilder Schütze und Skorpion mit ihren Sternhaufen sind, oder gar bis zum Kreuz des Südens reichte unser Blick nicht, auch nicht von Italien aus. Das Kreuz des Südens zu sehen musste vorerst ein Traum bleiben, dazu hätten wir nach Namibia oder Chile reisen müssen. Aber wir wollten versuchen, mit den vorhandenen Mitteln und in der verfügbaren Zeit – sechs Wochen Sommerferien – so weit wie möglich in den Süden zu kommen. Als Ziel setzten wir uns den Südosten Marokkos. Dort würden wir all das Licht der zivilisierten Welt weit im Rücken haben, während sich vor uns der klare Himmel über der Wüste erstreckte. Das war das Einzige, was mich zu dem Zeitpunkt an der Wüste interessierte, ansonsten war sie mir völlig egal.

Was mir damals überhaupt nicht bewusst war und ich erst im Lauf meiner Reisen lernte, ist, dass wir Europäer die Sterne völlig anders sehen als zum Beispiel die Marokkaner oder die Tuareg. Viele »unserer« Sternbilder gehen auf Gestalten aus der griechischen Mythologie zurück, und sowohl beim Zusammensetzen von Sternen zu Bildern als auch bei deren Benennung war viel Fantasie im Spiel, denn die einzelnen Sterne haben ja überhaupt nichts miteinander zu tun. Da ist es kein Wunder, dass andere Kulturen und Völker ganz andere Linien zwischen den Himmelskörpern zogen und so völlig andere Bilder entstanden oder dass sie die Bilder anders interpretierten. Unser Großer Bär ist in den USA der Große Löffel. Was bei uns ein Skorpion, ist bei den Chinesen ein Drache, und während wir zwölf

Tierkreiszeichen haben, haben die Chinesen, die den Sternenhimmel generell ganz anders kartieren, 28.[4]

Dieses Mal stimmten unsere Eltern den Reiseplänen nicht so bereitwillig zu. Reisen in entfernte Länder waren Anfang der 1980er-Jahre noch richtige Abenteuer. Es gab kaum Straßenkarten, keine alternativen Reiseführer wie *Lonely Planet*, kein Internet, kein Handy, keine Billigflüge. Es erforderte einiges an Überzeugungsarbeit – vor allem bei meinem Vater –, bis wir schließlich die Erlaubnis bekamen.

Mit dem Fahrrad in sechs Wochen nach Marokko zu reisen war ein höchst ehrgeiziges Ziel. Da war es vielleicht ganz gut, dass ich mir beim Training für die Gewalttour Knieprobleme zuzog und wir die Fahrräder gegen Mofas tauschen mussten. Dachten wir. Am letzten Schultag brachen wir auf und kamen zunächst zügig voran. Doch schon bei der ersten größeren Steigung – und davon sollten auf unserer Route über die Alpen zu unserem Leidwesen noch etliche folgen – erwiesen sich die Mofas als äußerst nachteilig. Sie waren mit einem PS schlicht zu schwach motorisiert. Statt entspannt gen Süden zu rattern, schoben wir die schwer beladenen Gefährte schwitzend und fluchend einen Pass nach dem anderen hoch. Das geplante Tagespensum von 200 Kilometern schafften wir so natürlich nicht. Als wir die Berge endlich hinter uns hatten, freuten wir uns darauf, nun Gas geben und uns den kühlen Fahrtwind um die Ohren wehen lassen zu können. Doch es war brütend heiß, und das bisschen Fahrtwind trocknete uns nur die Kehle aus. Bald schmerzte uns der Rücken vom stundenlangen krummen Sitzen, und die Fahrerei war fürchterlich eintönig. Nach fünf langen Wochen erreichten wir über Nizza, Barcelona, Algeciras, Tanger und Meknes endlich das marokkanische Städtchen Erfoud. Von dort waren es nur noch 50 Kilometer – auf damals noch ungeteerter Piste – bis zu dem kleinen Ort Merzouga am Rand des Dünengebiets Erg

Chebbi, dem südlichsten Punkt, den wir mit unseren Mofas erreichen konnten.

Marokko war für uns ein exotisches Land. Die Menschen in ihren traditionellen Djellabas, den bodenlangen Überwürfen mit der für Marokko typischen spitzen Kapuze, ihre Freundlichkeit, die farbenprächtigen Suks mit ihrer Vielfalt an bunten Stoffen und duftenden Gewürzen – wir fühlten uns wie in einem Märchen aus 1 001 Nacht. Doch war all das nichts im Vergleich zur Wüste. In dem Augenblick, als ich auf die erste Düne stieg und sich vor mir das – wie mir damals schien – endlose Dünenmeer auffächerte, war ich ihr verfallen. Ich fand sie unglaublich ästhetisch und spürte: *Das* ist es. Das ist *meine* Landschaft. Schon damals liebte ich das Reduzierte, klare Formen. Was mich mit am meisten faszinierte, war die unglaubliche Weite. Ein Schild im gut 300 Kilometer weiter südwestlich gelegenen Zagora, von dem ich unterwegs ein Foto gesehen hatte, gibt die Entfernung für Karawanen bis nach Timbuktu am Südrand der Sahara mit 52 Tagesreisen an. Für mich unfassbar, denn Achim und ich hatten mit dem Mofa von Gersthofen bis hierher über 30 Tage gebraucht und dabei Österreich, Italien, Frankreich, Spanien und schließlich noch halb Marokko durchquert. Die Vorstellung, einfach loszumarschieren, in diese Weite mit der freien, durch absolut nichts gestörten Sicht bis zum Horizont hineinzulaufen, war überwältigend. Und das ist bis heute so geblieben. Im Regenwald zum Beispiel fühle ich mich überhaupt nicht wohl; da herrscht mir zu viel Chaos, er ist mir zu unübersichtlich. Er schränkt meinen Blick ein. Auch Berge finde ich am schönsten, wenn ich ganz oben stehe und einen weiten Blick habe.

Ich konnte mich an der Wüste gar nicht sattsehen, und mir war klar, dass ich wiederkommen würde. Kurz vor der Abreise aus Marokko erfuhr ich, dass mein Vater sterbenskrank war. Ein Jahr lang verbrachte er im Krankenhaus und in der Rehabilitation. Er wurde nie mehr der, der er einmal war. So furchtbar das für die ganze Familie war und sosehr ich meinen Vater liebte, war es für mich doch auch eine Chance, denn er verlor seinen liebevoll-autoritären Einfluss auf mich, und so konnte ich von nun an reisen, wie und wohin ich wollte, ohne Konflikte mit ihm ausfechten zu müssen. Er hätte bei vollständiger Gesundheit auch mein nachlässiges Studentenleben nicht toleriert, das sich wegen meiner vielen Wüstenreisen gewaltig in die Länge zog – 21 Semester wurden es, bis ich endlich ein Diplom in der Tasche hatte. Dass ich mit meiner Leidenschaft für die Wüste einmal meinen Lebensunterhalt verdienen würde, konnte er nicht ahnen – so wenig wie ich.

Bei aller Liebe zur Wüste: Nie hätte ich ihretwegen auf Beziehungen, eine Familie, Kinder, ein Zuhause verzichten wollen. Ich genoss das ganz normale Leben mit so banalen Dingen wie Schneeschippen und später Elternsprechstunden genauso wie mein »wüstes« Leben. Es war nicht einfach nur eine Pause zwischen zwei Reisen, die mir half, mich zu ordnen und zu orten, sondern war mir immer immens wichtig. Besonders gilt das für die Familie. Wenn ich nicht schon auf dem Rückweg aus Marokko gewesen wäre, als ich die Nachricht von der Erkrankung meines Vaters erhielt, hätte ich die Reise sofort abgebrochen. Als im Januar 1988 meine Tochter Gina dreieinhalb Monate zu früh auf die Welt kam, war ich gerade auf dem Sprung in die Wüste. Die Pilotsendung zur neuen Serie *Abenteuer und Legenden* von Dieter Kronzucker sollte die Salzkarawanen von Taoudeni nach Timbuktu zum Thema haben, und ich sollte als Wüstenexperte das Fernsehteam begleiten. Doch für mich stand sofort außer Frage, dass die Wüste und die großartige Chance, mit Kronzucker zu arbeiten, zurücktreten mussten. Ich blies die Reise ab. Monatelang bangte ich um Ginas Leben, bis feststand, dass sie ohne Schäden überleben würde – als erstes Frühchen in München, das mit nur gut 600 Gramm geboren wurde.

Die größte Herausforderung und das größte Abenteuer meines Lebens lagen letztlich genau darin: die Balance zu finden zwischen Berufs- und Privatleben, 40 Jahre lang Wüsten zu erkunden, mit meinen Vorträgen kreuz und quer durch Deutschland, Österreich und die Schweiz zu reisen und »im Markt« zu bleiben und bei alledem ein »normales« Leben in Deutschland zu führen, zwei Kinder großzuziehen, enge Freundschaften zu erhalten und die Frau meines Lebens zu finden.

Die Große Reduktion

Eines haben alle Wüsten gemein: Es sind Gebiete (fast) ohne Vegetation – wenn man die englischsprachige Definition außer Acht lässt. Englischsprachige Geografen bezeichnen jedes Gebiet ohne Oberflächenwasser als Wüste – unabhängig davon, wie viele Pflanzen es dort gibt. So ist der größte Teil der Großen Victoria-Wüste in Australien von Eukalyptuswäldern, Büschen und Gräsern bewachsen. In der Tanami, ebenfalls Australien, wurden bei Feldforschungen im Jahr 1996 1 073 Pflanzenarten registriert. Egal, für englischsprachige Geografen ist das alles Wüste, und in den meisten Fällen haben wir ihre Bezeichnung übernommen. So sprechen wir auch im Deutschen beispielsweise von der Tanami-Wüste, obwohl sie allenfalls eine Halbwüste, in Teilen sogar eher eine Steppe ist.

In den »richtigen« Wüsten herrscht dagegen tatsächlich Vegetationsarmut. Im Ostteil der Sahara, der sogenannten Libyschen Wüste, und in der Tanezrouft, einem Gebiet an der Grenze zwischen Algerien und Mali, sowie in der iranischen Wüste Lut gibt es sogar Hunderttausende Quadratkilometer ohne Pflanzenwuchs, was aber nicht heißt, dass es dort überhaupt kein Leben gäbe. In Bodenproben, die in der Nähe des südalgerischen Grenzortes In Guezzam genommen wurden, fand man in einem Gramm Boden 3 300 Pilzsporen und 10 000 Bakterien. Im Allgemeinen jedoch ist »Vegetationsarmut« *relativ* gemeint: So kommen beispielsweise in der Sahara mit ihren neun Millionen Quadratkilometern gerade einmal 1 400 Pflanzenarten vor – ein Wert, der im tropischen Regenwald auf nur wenigen Quadratkilometern erreicht wird. Auch das Vorkommen oder Verschwinden *bestimmter* Pflanzen ist, neben klimatischen Grenzwerten, ein zuverlässiger Indikator für die Abgrenzung von Wüsten. Die Nordgrenze der Sahara etwa lässt sich durch das Verschwinden des Halfagrases bestimmen, das im westlichen und südlichen Mittelmeerraum heimisch ist, und ihre Südgrenze durch das Auftauchen des Stachelgrases Cenchrus biflorus, dort besser unter dem französischen Trivialnamen Cram-Cram bekannt, und der Dattelpalme.

Neben der Pflanzenarmut oder gar dem gänzlichen Fehlen von Vegetation wird man in der Wüste auch andere Phänomene nur höchst selten erleben: Geräusche, Lichtquellen, Gerüche.

Was mir in der Wüste immer als Erstes auffällt, ist die Abwesenheit des Grundrauschens durch den Verkehr, von dem wir sonst Tag und Nacht umgeben sind. Zumeist nehmen wir dieses Grundrauschen gar nicht mehr wahr, hören nur noch die Geräusche, die daraus hervorstechen, wie das Signal eines Zuges, das Hupen eines Autos oder die Sirene eines Krankenwagens. In abgelegenen Gegenden auf dem Land fehlt das Grundrauschen zwar ebenfalls, aber es gibt immer noch andere Geräusche, das Rascheln von Blättern, das leise Raunen von Ähren im Wind, das Zwitschern der Vögel, vielleicht das Gurgeln eines Baches. In der Wüste bringt der Passat vielleicht mal ein Gebüsch zum Rascheln oder lässt die Zeltplane knattern, bevor er wieder nachlässt. Ansonsten ist es die meiste Zeit still, manchmal so still, dass man den eigenen Herzschlag und das Rauschen des Blutes hört, so still, dass man die Stille fast greifen kann. Dadurch fallen etwaige Geräusche umso stärker auf, und vor allem hört man sie sehr viel eher.

Die häufigsten Geräuschquellen sind Oasen und Nomaden. Schon von Weitem hört man das Lachen von Kindern, das

Eine neolithische Reibeschale, die ich im Sandmeer der Ténéré fand.
Vor 6 000–7 000 Jahren wurde sie zum Mahlen von Getreide verwendet.

Gackern von Hühnern oder das Meckern einer Ziege. Das markanteste Geräusch in der Wüste stammt von Fahrzeugen, das fürchterlichste definitiv von Kamelen oder Eseln. Im Januar 2014 hatten wir nicht weit entfernt von der Guelta d'Archei unser Nachtlager aufgeschlagen. Am nächsten Morgen wollten wir diese natürliche, von Grundwasser gespeiste Wasserstelle im Ennedi-Gebirge im Nordosten des Tschad besuchen, die berühmt ist als Tränke für Kamele, vor allem jedoch wegen ihrer Krokodile. Die »Sahara-Krokodile« sind ein Überbleibsel aus der letzten Feuchtperiode in der Region, die vor etwa 5000 Jahren endete. Während in der Folgezeit die Flüsse der umliegenden, offenen Gegenden austrockneten, blieb aufgrund spezieller klimatischer Bedingungen die Wasserversorgung im Ennedi-Massiv erhalten und schuf ein Refugium für die Krokodile. Die wenigen im Ennedi-Gebirge lebenden Exemplare – nach Schätzungen zwischen sechs und neun Tiere, die genaue Anzahl weiß niemand – sind vermutlich die letzten in der östlichen Sahara noch vorkommenden Vertreter des seltenen Westafrikanischen Krokodils.

Während die Fahrer bei den Autos und unsere Freunde beim Lagerfeuer blieben, unternahmen meine Frau Elly und ich wie jeden Abend einen Nachtspaziergang in die Wüste hinein. Wir waren etwa eine halbe Stunde in der Dunkelheit unterwegs, als in unmittelbarer Nähe und ohne Vorwarnung ein ohrenbetäubendes, raumfüllendes Brüllen ertönte, das uns zu Tode erschreckte. Ein Löwe, dachte ich unwillkürlich, und schüttelte im nächsten Moment über mich selbst den Kopf, da es im Ennedi-Massiv schon seit Jahrzehnten keine Löwen mehr gab. Als ich die Taschenlampe anknipste, stellte sich der Urheber des Angst einflößenden, markerschütternden Geschreis als Esel heraus. Nie zuvor und nie mehr danach habe ich einen Esel derart brüllen hören.

Neben der Stille, den höchst selten wahrzunehmenden Geräuschen, fasziniert mich an der Wüste das Fehlen der Lichtverschmutzung. Das wurde mir wieder so richtig bewusst, als ich im Herbst 2018 mit Elly im Murnauer Moos unter freiem Himmel nächtigte. Wir waren weit abseits von Murnau am Staffelsee mit seinen gerade einmal 12 000 Einwohnern im Nordosten und dem kleinen Dorf Grafenaschau mit nur gut 600 Einwohnern im Westen des Mooses. Es war eine stockdunkle Nacht, zumindest theoretisch, denn weit weg im Nordosten sah man den Lichterschein des 60 Kilometer Luftlinie entfernten Münchens.

Die Lichtverschmutzung hat mittlerweile ein derart hohes Ausmaß angenommen, dass über 80 Prozent der Weltbevölkerung und 99 Prozent der Menschen in Europa und den USA unter einem unnatürlich hellen Nachthimmel leben. Das allgegenwärtige Streulicht stört nicht nur unseren Tag-Nacht-Rhythmus, sondern macht uns regelrecht blind gegenüber den Schönheiten des Nachthimmels.[5] Wer die wundervolle Milchstraße sehen will, muss dazu in die Wüste. Die nordamerikanischen Wüsten sind in der Regel ungeeignet, da es zu viele Großstädte in ihrer Nähe gibt: Der Lichterschein von Los Angeles und Las Vegas etwa reicht bis tief in die Mojave hinein. In anderen Wüsten ist dem nicht so. Nicht umsonst werden die größten und besten Sternwarten der Welt in Wüsten errichtet, allen voran in der chilenischen Atacama, denn an kaum einem anderen Ort der Welt ist die Luft so ruhig und klar und die Lichtverschmutzung so gering wie dort. Ihr erstes Observatorium baute die Europäische Südsternwarte (ESO) in den 1960er-Jahren auf dem Berg La Silla. Mit »zwei der weltbesten Teleskope der 4-Meter-Klasse [ist] La Silla weiterhin eines der wissenschaftlich produktivsten Observatorien weltweit«.[6] Das »fortschrittlichste optische Observatorium […] und das höchstentwickelte optische Instrument der Welt«[7], so die ESO auf ihrer Website www.eso.org, steht allerdings gut 600 Kilometer weiter nördlich auf dem Berg Paranal. Vier Einzelteleskope mit einem Spiegeldurchmesser von je 8,20 Metern und vier bewegliche Hilfsteleskope mit jeweils 1,80 Meter Durchmesser können zu einem riesigen Interferometer zusammengeschaltet werden, einem Gerät, das die Überlagerungen von Wellen für Präzisionsmessungen nutzt. Im Mai 2017 wurde ebenfalls in der Atacama der Grundstein zu einem noch gewaltigeren »Fernrohr« gelegt. Einer der fünf Spiegel des neuen European Extremely Large Telescope (E-ELT), der Hauptspiegel, wird den gigantischen Durchmesser von 39 Metern haben.[8]

Ursprünglich war der Gamsberg (oft auch »Gansberg« geschrieben) in Namibia favorisiert worden. Der Tafelberg, etwa 140 Kilometer südwestlich der Hauptstadt Windhoek gelegen, gilt dank der äußerst geringen Luft- und Lichtverschmutzung bis heute als einer der besten Standorte zur Beobachtung des südlichen Sternenhimmels. Eine Sternwarte in Namibia zu bauen, das damals noch Südwestafrika hieß und von Südafrika verwaltet wurde, hätte das Apartheid-Regime als Anerkennung seiner Rassentrennungspolitik werten können, weshalb man sich schließlich für La Silla entschied. Man mag es als Treppenwitz der Geschichte sehen, dass sich in Chile wenige Jahre später, 1973, Augusto Pinochet an die Macht putschte und eine brutale Militärdiktatur errichtete, die Tausende Menschenopfer forderte. Heute stehen auf dem brettebenen Plateau des Gamsbergs, das 2 500 Meter in der Länge und durchschnittlich 800 Meter in der Breite misst, Teleskope – unter anderem ein 71-cm-Newton-Teleskop – des gemeinnützigen Vereins Internationale Amateursternwarte e. V., die Hobbyastronomen aus der ganzen Welt anziehen.

Meine Begeisterung für die Astronomie wurde durch die Wüste zwar in den Hintergrund gedrängt, ganz verschwunden ist sie jedoch nie. Es ist unbeschreiblich, am späten Abend unter freiem Himmel in der Wüste zu liegen und auf die Sterne zu warten. Sie schälen sich nicht wie bei uns nach und nach aus dem Dunst am Horizont, sondern erstrahlen einer nach dem anderen urplötzlich in vollem Glanz, als würden sie »angeknipst« werden. Ein Anblick, der mich immer wieder fasziniert.

Was ich in 40 Jahren nicht gesehen habe – und ich hoffe, eines Tages wird es mir vergönnt sein –, ist ein Naturphänomen namens Grüner Blitz: Wenn die Sonne an einem extrem klaren Tag hinter einem weit entfernten und scharf konturierten Horizont verschwindet, kann ihr oberer Rand für einen Sekundenbruchteil leuchtend grün werden. Das kommt daher, dass nahe am Horizont die Lichtbrechung am stärksten ist, weshalb die untergehende Sonne in ihre Spektralfarben zerlegt wird. Wenn der rote innere Kreis schon nicht mehr zu sehen ist, bleiben noch der grüne und der blaue Rand oberhalb des Horizonts. Da blaues Licht aber einer starken Streuung unterliegt, ist es nahezu unsichtbar, sodass nur das Grün übrig bleibt.

Auch Gerüche fehlen in der Wüste, allenfalls nimmt man sie sehr reduziert wahr. Es ist schwer, ja im Grunde unmöglich, diesen Zustand jemandem zu beschreiben, der noch nie in der Wüste war, denn überall sonst auf der Welt, ob in Städten, auf dem Land, im Wald oder auf dem Meer, sind wir beständig von Gerüchen umgeben. Sand und Geröll hingegen riechen nach … ich würde sagen: nach nichts. Allerdings bin ich auch noch nie übers Gestein gekrochen, um daran zu schnuppern.

Die wenigen Gerüche, die man in der Wüste hin und wieder wahrnimmt, rühren von einer krautigen Pflanze oder auch einmal von einem verwesenden Tier. Höchst unangenehm, geradezu eklig ist es, wenn ein kürzlich verendetes Kamel direkt neben einem Brunnen liegt. Abgesehen vom Gestank, fragt man sich in einem solchen Fall unwillkürlich, ob das Wasser dort in Ordnung ist. Doch normalerweise »verdorren« Kadaver dank des trockenen, heißen Klimas so schnell, dass sie die Nase nicht lange belästigen.

Nichts für leidenschaftliche Zoobesucher

Für Tierliebhaber ist die Wüste in gewisser Weise ein Problem: Schlangen und Skorpionen – die einen oft, die anderen immer giftig – will man eigentlich gar nicht nahe kommen, und die meisten anderen Tiere bekommt man nur mit viel Glück zu Gesicht. Während man in einem Regenwald oder auch in unseren Regionen auf Schritt und Tritt Tiere sieht oder hört, trifft in der Wüste die »Große Reduktion« auch auf das Tierleben zu.

Die lebensfeindliche Umgebung zwingt Wüstentiere zu einem immerwährenden Überlebenskampf: Sie müssen sich vor Überhitzung schützen und extreme Temperaturschwankungen aushalten, sie müssen mit einem geringen Angebot an Nahrung und Wasser auskommen, sie müssen hohe Dosen an UV-Licht vertragen und dem Wind trotzen, der die Austrocknung fördert. Beutetiere finden nur wenig Schutz und Raubtiere kaum Deckung. Da ist es nicht verwunderlich, dass die Wüsten im Vergleich zu anderen Lebensräumen keine Artenvielfalt zu bieten haben. Am häufigsten vertreten und am weitesten verbreitet sind Insekten. Einige Arten sind sogar in unbelebten Gebieten zu finden, wenn auch meist unfreiwillig, weil der Wind sie dorthin verfrachtet hat.

Säugetierarten sind in der Wüste am seltensten. In der riesigen Sahara etwa gibt es gerade einmal 50, die meisten davon Nagetierarten wie Renn- und Springmäuse, die mit relativ wenig Wasser und ein paar Gräsern, Samen, Zweigen oder Wurzeln auskommen. Sie sind wiederum eine wichtige Nahrungsquelle für Reptilien, Vögel und andere Beutegreifer, wie beispielsweise den Wüstenfuchs.

Von Kamelen abgesehen, die in der Regel noch recht munter sind, sieht man in der Wüste daher, wenn überhaupt, häufiger tote als lebende Tiere. Das klingt unangenehmer, als es in den meisten Fällen ist, denn wie bereits erwähnt, wird aufgrund des trockenen, heißen Klimas alles, was nicht anderen Lebewesen als Nahrung dient, in relativ kurzer Zeit mumifiziert und hat daher kaum die Chance, einen Aasgeruch zu verströmen. Erstaunlich oft sah ich in der Sahara tote Zugvögel, die den Überflug aus welchen Gründen auch immer – sei es Nahrungs- oder Wassermangel oder Erschöpfung – nicht geschafft haben. Mitten in der Ténéré, einer Teilwüste der Sahara im Nordosten Nigers, stieß ich einmal sogar auf einen mumifizierten Storch. Schreitet die Desertifikation weiter voran, werden in Zukunft wohl immer mehr Zugvögel dieses Schicksal erleiden, weil sie die größer werdende Entfernung zwischen den Wasserstellen und Futterquellen nicht mehr überwinden können.

Greifvögel in der Sahara haben ihr Brutgeschäft im Übrigen geschickt auf den halbjährlichen Vogelzug zwischen Europa und Zentralafrika eingestellt. Der Schieferfalke brütet im Herbst. Dann kann er reiche Beute unter den Zugvögeln machen, die zu Millionen auf ihrem Weg von Europa in die zentralafrikanischen Winterquartiere sind, und so die Versorgung seines Nachwuchses sichern. Der Lannerfalke hingegen brütet im Frühjahr, wenn die Zugvögel zurück in ihr Sommerquartier irgendwo in Europa reisen. Dann ist für ihn und die Seinen der Himmel reich gedeckt.

Ebenfalls ganz typisch für die Wüste ist, dass man häufiger als die Tiere selbst – ob tot oder lebendig – ihre Spuren findet: Exkremente, zerbrochene Eierschalen oder Abdrücke, sei es die »Panzerkette«, die Käfer beim Laufen hinterlassen, die Rollspur, wenn Mistkäfer eine Kotkugel bewegen, eine »Schlangenlinie« oder das zierliche Siegel eines Vogelfußes. Das liegt daran, dass Spuren in der Wüste sehr lange erhalten und gut sichtbar bleiben, weil sie weder von Pflanzentrieben oder herabfallenden Blättern überdeckt noch von Regen verwaschen werden. Allenfalls werden sie vom Passat verweht oder zugeweht. In Dünengebieten, die ja eher selten sind, geht das relativ schnell, in allen anderen Wüstenregionen aber, in denen der Untergrund fest und nur von einer dünnen Staubschicht bedeckt ist, dauert es sehr, sehr lange. Man sagt, dass eine Autospur 40 Jahre lang erhalten bleibt.

Eine meiner beeindruckendsten Tierbegegnungen war 1987 in der Sahara. Ich war damals mit dem alten und sehr erfahrenen Guide Ismail im Aïr-Gebirge westlich der Ténéré unterwegs, als er plötzlich »Autruches! Autruches!« rief und auf Spuren im Sand deutete, in denen ich überhaupt nichts erkennen konnte. Mein Französisch war nicht das Beste – ist es im Übrigen trotz all meiner Saharareisen bis heute nicht –, und so wunderte ich mich, wie Ismail auf die Idee kam, dass wir Abdrücke von »Autriches«, von Österreichern, vor uns hätten. Wir fuhren ein gutes Stück weiter, bis ich am Horizont ein paar Punkte in Reih und Glied ausmachte, und es dauerte noch eine geraume Weile, bis ich sie als Strauße identifizierte. Dieser Vogel ist ausnehmend gut an das Wüstenklima angepasst. In der Hitze stellt er seine Federn auf und sorgt so gezielt für Windkühlung, in der kühlen Nacht legt er die Federn an. Dennoch finde ich es erstaunlich, dass diese riesigen Vögel – die Männchen werden bis zu zweieinhalb Meter, die Weibchen knapp zwei Meter hoch – in der Wüste überleben können. Strauße sind in erster Linie Pflanzenfresser und vertilgen nur gelegentlich Insekten und andere Kleintiere. Und davon braucht es sicher einiges, um das stolze Gewicht von etwa 100 Kilogramm (Weibchen) bis zu 135 Kilogramm (Männchen) zu halten.

Ein Jahr, nachdem ich die Strauße gesehen hatte, wurde das Naturschutzgebiet Aïr und Ténéré eingerichtet, und dennoch wird man in diesem Gebiet keinen einzigen Strauß mehr sehen, denn je länger die sogenannte Zweite Tuareg-Rebellion anhielt, mit der die Nomaden ab 1990 gegen die Obrigkeit aufbegehrten, desto häufiger landete ein Strauß oder auch eine Gazelle aus dem Naturschutzgebiet in den Mägen von Tuareg oder nigrischen Soldaten.

Wer Hunger leidet, fragt nicht nach Artenschutz. Früher zog sich das Verbreitungsgebiet des Nordafrikanischen Straußes vom Atlasgebirge in Marokko und Algerien bis in den Süden Mauretaniens und von dort am Südrand der Sahara entlang bis in den Sudan. Heutzutage kommt er nur noch in besorgniserregend kleinen Beständen vor. Einen lebenden Strauß sah ich in der Sahara nie wieder, nur gelegentlich die Überreste eines Straußengeleges mitsamt zerbrochener Eierschalen – und intakte Straußeneier, die auf Märkten wie in Agadez zum Kauf angeboten werden. Wer kann es den Menschen verdenken, wo doch die blanke Not sie dazu zwingt, sogar Nagetiere zu essen? Ein Straußenei ist nicht nur nahrhaft, sondern macht eine ganze Großfamilie satt, denn es entspricht 20 bis 24 Hühnereiern.

Arm an Reizen und doch nicht reizlos

Der Mangel an Reizen bringt es mit sich, dass man die wenigen Sinneseindrücke, die es in der Wüste doch gibt, stärker wahrnimmt. Man riecht den Dung eines Kamels, während der Hundehaufen in der Stadt unter den vielen anderen Gerüchen untergeht. Selbst Tomaten aus der Dose riechen in der Wüste vergleichsweise intensiv, und da das Geschmacksempfinden stark mit dem Geruch zusammenhängt, nimmt man auch ihren Geschmack stärker wahr als bei uns. Man kennt das umgekehrte Beispiel: Wenn die Nase von Schnupfen verstopft ist, schmeckt man kaum etwas bis gar nichts. Bei meinen Reisen durch die Wüste komme ich daher fast ohne Gewürze aus, und obwohl ich die Ursache dafür kenne, verblüfft es mich jedes Mal wieder. Mit den anderen Sinnen ist es genau so: Ein Grasbüschel sticht regelrecht ins Auge. Ein Auto, das sich nähert, hört man lange, bevor man es sieht. Die Begegnung mit einem Menschen nach vier, fünf Tagen einsamer Reise gewinnt eine ganz andere Bedeutung, als wenn man gerade vier Stunden zwischen Hunderten Menschen durch die Fußgängerzone einer Großstadt gelaufen ist.

Nicht nur in unseren Städten, selbst im tiefsten Dschungel, weit abgelegen von irgendeiner Siedlung, gibt es ungeahnt viele Sinnesreize. Als ich 2017 im Regenwald von Peru unterwegs war, war ich überrascht von der permanenten Geräuschkulisse, die dort zu jeder Tages- und Nachtzeit herrscht. Und selbst in unseren Wäldern erlebt man im Vergleich zur Wüste eine absolute Reizüberflutung. Es gibt viel mehr Farben – die vielen

Grünschattierungen der Pflanzen, das Braun der Stämme, das Weiß, Rot oder Blau von Blüten, rote, gelbe, grüne und blaue Beeren, bunte Vögel – und Formen, mehr Geräusche, mehr Gerüche. Im feuchten Klima des Waldes trocknet zum Beispiel Kot nicht so schnell wie in der Wüste, weshalb sein Bukett länger in der Luft hängen bleibt. Der modrige Geruch verrottender Baumstämme steigt einem in die Nase oder der würzige Duft von Pilzen oder einer Wildschweinsuhle.

Die Wüste ist, um es kurz zu fassen, das Gegenstück zur Reizüberflutung im Rest der Welt. Und dennoch ist sie – im doppelten Sinn des Wortes – nicht reizlos. Zum einen macht die Abwesenheit der Reizüberflutung einen Großteil ihres Reizes aus, zum anderen gibt es ja durchaus Sinneseindrücke für Augen, Ohren und die Nase, aber halt sehr wenige, und diese wenigen sind, was einen enormen Unterschied ausmacht, natürlichen Ursprungs. Ich jedenfalls höre lieber ein Kamel blöken, schreien oder, eine auffallend häufige Lautäußerung dieser Tiere, mit den Zähnen knirschen als das Knattern eines Mofas oder das Quietschen von Autobremsen. Und ich sehe lieber unterschiedliche Grau- und Brauntöne von Sand und Gestein als schrillbunte Reklametafeln. Wobei die Augen dasjenige Sinnesorgan sind, das in der Wüste noch am meisten »gefordert« wird – auch bei einem Nichtfotografen –, schlicht deswegen, weil es für die anderen Sinne so wenig zu tun gibt.

Am ehesten ist die Wüste, was ihre »Reizlosigkeit« angeht, mit einem einsamen Berggipfel weit oberhalb der Vegetationszone zu vergleichen: Keine Pflanzen verströmen dort ihren Duft, kein Straßenlärm und keine Kuhglocke dringt so weit nach oben, und man hat einen freien Blick bis zum Horizont.

Bei mir führt die »Reizarmut« der Wüste zu totaler Entspannung. Was auch daran liegen mag, dass mein Leben außerhalb der Wüste extrem reizüberflutet ist. Meine Tourneen führen mich kreuz und quer durch Deutschland, Österreich und die

Schweiz, was stundenlange Autofahrten mit ständiger Konzentration auf den Straßenverkehr erfordert – die Alternativen Zug und Flugzeug scheiden wegen des Transports meiner umfangreichen Projektions- und Tontechnik aus. Bei jeder der vielen Veranstaltungen, die ja an sich schon durch die vielen Fotos und die Begleitmusik »reizvoll« sind, lerne ich zudem unglaublich viele Menschen kennen, was einerseits interessant, andererseits anstrengend ist. Auf Tournee zu gehen bedeutet auch immer, in Restaurants oder Kneipen zu essen und in Hotels zu übernachten – ständig unter Leuten zu sein. Die Wüste ist mein Gegenpol zu diesem Leben. Sie ermöglicht mir in mehrfachem Sinn ein Durchatmen, ist Balsam für meine Sinne und meine Seele.

Der Passat als Landschaftsarchitekt

Die Ursachen für die Entstehung von Wüsten sind sehr unterschiedlich. Die häufigsten Wüsten sind Passat- oder Wendekreiswüsten: Über dem Äquator steigt feuchte Luft auf, die nach Norden und Süden in Richtung der beiden Pole abfließt. Beim Aufsteigen kühlt die Luft ab, der Wasserdampf kondensiert, bildet Wolken, und es regnet heftig. Geografen nennen das trockenadiabatische Abkühlung. Auf etwa dem 30. Breitengrad sinkt die Luft wieder ab, und nun passiert genau das Gegenteil: Die Luft erwärmt sich, und alle Feuchtigkeit, die sie noch enthält, verdunstet. Die Luftmassen strömen jetzt von Norden und Süden in Bodennähe als extrem trockener Passatwind zurück Richtung Äquator. Da sich die Erde aber dreht, werden sowohl Winde als auch Meeresströmungen durch die sogenannte Corioliskraft »verdreht« und von ihrer eigentlichen Bewegungsrichtung abgelenkt. Daher haben wir statt eines Nord- einen Nordost- und statt eines Süd- einen Südostpassat.

Damit wären wir wieder bei den Wüsten. Weil die Passate sehr trocken sind, gibt es entlang der beiden Wendekreise – bei 23,5 Grad nördlicher und südlicher Breite – die Wendekreis- oder Passatwüsten, die wie zwei Gürtel die Erdkugel umspannen. Auf der Nordhalbkugel, und hier speziell in der Alten Welt – eine historische Bezeichnung für die Kontinente, die vor der Entdeckung Amerikas bekannt waren: Europa, Afrika und Asien –, reiht sich eine Wüste an die andere. Dieses Wüstenband, das mit wenigen Unterbrechungen von der Sahara bis hin zur Wüste Thar in Indien und weiter nach China reicht, nennt man daher den »Altweltlichen Trockengürtel«. Die Gobi zählt allerdings nicht mehr dazu. Sie ist eine Kontinentalwüste und im Übrigen größtenteils eine Wüstensteppe. Zwischen den Dünengebieten, die man dort *Els* nennt, liegen ausgedehnte Weideflächen. Daher leben in der Gobi weit mehr Nomaden als in anderen Wüsten.

Der Passat ist aber nicht nur für die Trockenheit in den Wendekreiswüsten verantwortlich, sondern betätigt sich auch als Landschaftsarchitekt. Er ist ein immerwährender Begleiter, als stünde am Eingang zur Wüste ein überdimensionaler Föhn, dessen Schalter permanent auf »On« steht. Mit Windstärke 4 ist er stark genug, um auf dem Meer kleine Schaumkrönchen auf die Wellen zu zaubern und im Binnenland Staub und Sand aufzuwirbeln. Mithilfe des Sandes gestaltet der Passat die Landschaft. Doch woher kommt der Sand? In der Hitze des Tages dehnt sich die Feuchtigkeit aus und zieht sich in der Kühle der Nacht wieder zusammen, wodurch im Gestein zunächst feine Risse entstehen, die sich allmählich vergrößern und schließlich dazu führen, dass Trümmer abplatzen. Die solcherart abgesprengten Felsen werden durch denselben physikalischen Vorgang und mithilfe von Sand in immer kleinere Stücke zerlegt, bis sie schließlich Sandkorngröße erreichen und ihrerseits als Schleifmittel zum Einsatz kommen. Das macht aus dem Föhn ein Sandstrahlgebläse. Mit diesem Sandstrahlgebläse erschafft der Passat unter anderem die »Steinpilze«, da die Sandfrachten sehr nah – nur bis etwa 50 Zentimeter – über dem Boden transportiert werden. »Steinpilze« nenne ich die frei stehenden Felsen, deren unteren Teil der Passat schon derart lange mit Sand bearbeitet hat, dass er so dünn wie ein Stiel ist, während der obere Teil, quasi der Pilzhut, ungeschliffen blieb. Manchmal ähneln

Mit dem Sand als Schleifmittel trägt der Wind ganze Gebirge ab und lagert seine Fracht in Form von Dünen in deren Windschatten ab.

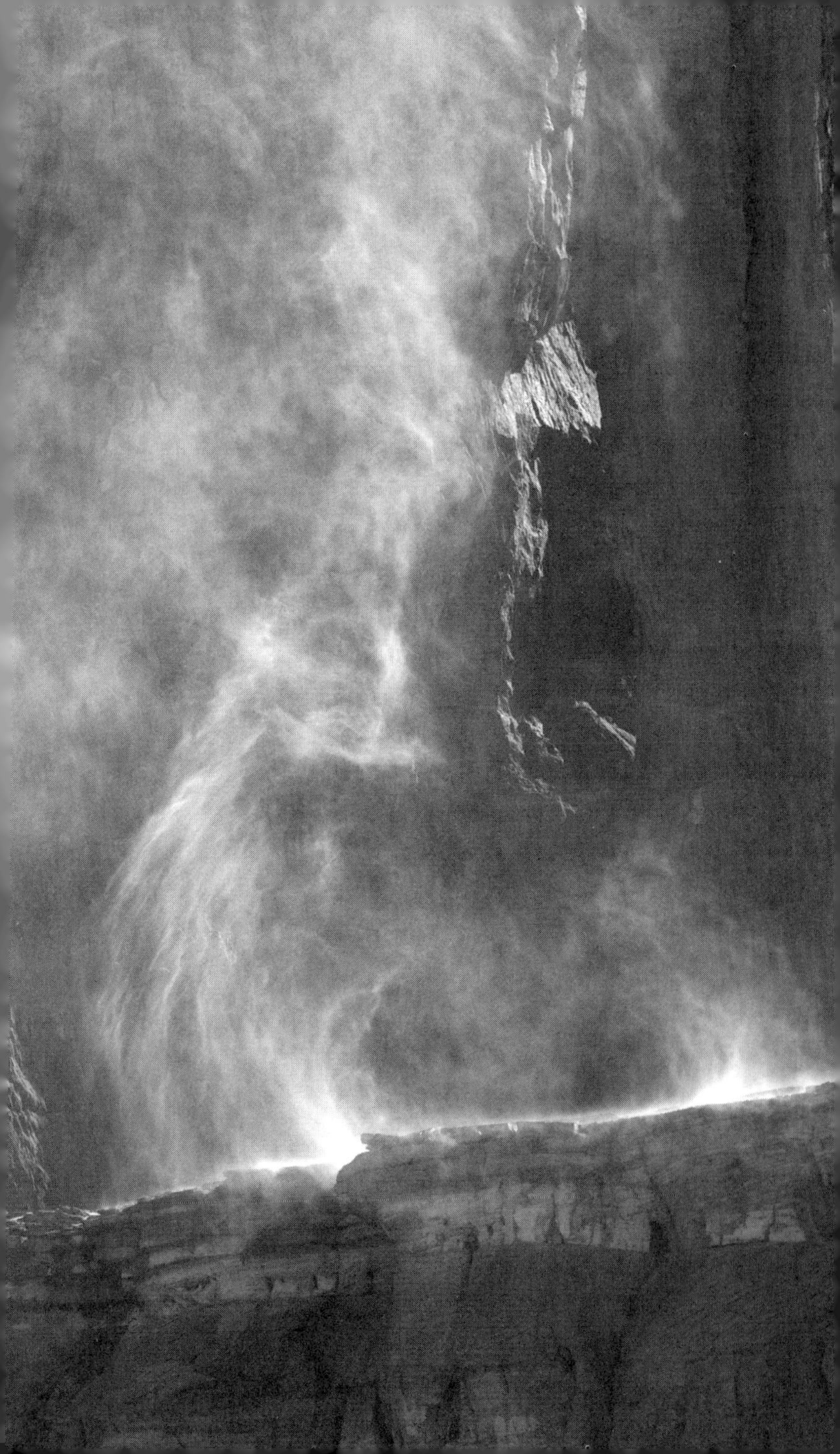

die Gebilde auch eher einem Brokkoliröschen, das kommt ganz auf die Fantasie des Betrachters an.

Der Passat gestaltet nicht nur »Pilzfelsen«, so der geografisch korrekte Ausdruck, sondern trägt mit der Unterstützung von Hitze und Kälte als Sprengmeister im Lauf von Jahrmillionen ganze Gebirge ab. Dabei entstehen große Mengen Sand, und damit wären wir bei den Dünen. Hindernisse, wie zum Beispiel ein Gebirge, senken die Windgeschwindigkeit ab. Das hat denselben Effekt wie ein Schneeschutzzaun: Der Wind wird abgebremst und seine Fracht im Windschatten abgelagert. Da der Passat sehr stabil ist und zudem immer aus derselben Richtung kommt, ist seine aerodynamische Wirkung stets dieselbe. Daher liegen die Dünengebiete der Sahara und der anderen Wüsten der Nordhalbkugel alle südwestlich von Gebirgen, während sie in den Wüsten der Südhalbkugel nordwestlich von Erhebungen liegen. Auch kleinere Hindernisse wie ein Baum oder ein Strauch können einen Windschatten werfen, sodass sich an ihrer Leeseite Sand ablagert. Selbst an einem einzelnen Grashalm kann sich ein Dünchen bilden. Für Wissenschaftler ist das hochspannend. Dünenforschung ist sogar ein Teilgebiet der Physiogeografie. Die deutsche Geografin und Wüstenforscherin Professor Dr. Helga Besler (1939–2012) hat nicht nur die Dynamik von Sandwüsten, Dünen und Sandrippeln über Jahrzehnte erforscht, sondern auch ein Langzeit-Dünenmonitoring in der Wüste Namib im südlichen Afrika durchgeführt. In der Nähe der Gobabeb Wüstenforschungsstation in Namibia wurde eine Riesendüne nach ihr benannt: Helga's Dune.

Vom Winde verweht

Sandstürme sind viel seltener, als man denkt. In den Wüsten der Nordhalbkugel tauchen sie vorwiegend am Übergang zwischen dem kühlen Winter und dem wärmeren Sommer auf, also etwa ab Februar, März; auf der Südhalbkugel entsprechend um etwa ein halbes Jahr versetzt. Die wenigsten sind fürchterliche Naturgewalten, wie es oft in Spielfilmen dargestellt wird, und selbst ein schwerer Sandsturm würde nie eine ganze Karawane verschlingen.

Hinter dieser Mär steckt eine Fehlinterpretation der Geschehnisse: Wenn sich eine Karawane verläuft, was im Übrigen höchst selten vorkommt, und den Brunnen mit dem Leben spendenden Wasser verfehlt, verdursten Mensch und Tier. *Erst danach* deckt der Wind sie allmählich mit Sand zu. Ein Sandsturm mag zwar dafür verantwortlich sein, dass ein *madugu,* ein Karawanenführer, die Orientierung verliert, er ist für sich genommen aber nicht tödlich. Viele Legenden ranken sich um den *Kara Buran* in der Taklamakan, der von Februar bis Juni auftritt. Dieser »schwarze Sandsturm« kann über Tage, sogar Wochen den Himmel verfinstern, woher er seinen Namen hat. Er soll nicht nur Karawanen, sondern ganze Städte unter Sand begraben haben. Über der Armee eines chinesischen Kaisers soll er sogar, so erzählt es eine Sage der Einheimischen, eine 250 Meter hohe Düne aufgeschüttet haben. Seltsamerweise hört man durchwegs nur uralte Geschichten, in denen ein Kara Buran derart wütete, daher gehört seine zerstörerische Kraft sicherlich ins Reich der Legenden.

Der Entdeckungsreisende Sven Hedin schreibt in seinem Tagebuch lapidar: »Wenn uns der Sturm gerade ins Gesicht wehte, mussten wir stehenbleiben, um nicht zu ersticken. Wir kauerten uns dann nieder und bargen die Gesichter hinter einem der Kamele.«[9] Das hört sich nun wirklich nicht nach einem lebensbedrohlichen Ereignis an.

Ich habe in all den Jahren nur wenige Male einen Sandsturm erlebt. Während sich andere Wetterphänomene oft Stunden vorher ankündigen, ist die Vorwarnzeit bei einem Sandsturm sehr kurz. Selbst bei einem der heftigsten Sandstürme, die ich erlebte, war hinter und über uns der Himmel strahlend blau, während von vorn plötzlich eine gelbe Walze auf uns zugerollt kam. Zunächst noch relativ klein, wuchs sie schnell in die Höhe, und ihr Winkel wurde immer steiler, sodass sie letztlich wie eine Wand vor uns stand – nur halt eine Wand, die unaufhörlich näher rückte. Dann traf uns wie aus dem Nichts ein heißer Windstoß, und alles, was nicht niet- und nagelfest war, wurde hochgerissen und durch die Luft gewirbelt. Im nächsten Augenblick war die Luft mit Sand geschwängert und die Sicht auf weniger als einen Meter beschränkt. Wir wussten nicht mehr, wo rechts oder links war, verloren jegliche Orientierung. Daher blieben wir einfach, wo wir waren, und warteten ab. Nach wenigen Stunden war der Spuk vorüber. Alles in allem sind Sandstürme ungefährlich; das Unangenehmste daran ist, dass man den Sand, sofern man nicht irgendwo in Deckung gehen kann, überall hat – im Mund, in der Nase, in den Ohren, in den Augen.

In Regionen, in denen Wüstenwinde regelmäßig auftreten, haben sie lokale Bezeichnungen: in Mauretanien *Harmattan* (manchmal wird Harmattan auch als ein Synonym für den Nordostpassat verwendet), in Algerien *Samum,* in Tunesien sowie in Libyen *Ghibli,* in Ägypten und im Sudan *Habub* und in Mittelasien *Buran.* Manchmal transportieren die Wüstenwinde tatsächlich Sand, manchmal führen sie statt Sand feinen Sandstaub mit sich und gleichen dann unserem Dunst oder Nebel: Sie löschen sämtliche Farben aus, und die Sonne ist nur noch ein fahler Fleck am Himmel. Und manchmal sind sie einfach nur sehr heiße bewegte Luft.

Es kann durchaus sein, dass es künftig mehr Sandstürme geben wird. Und dies nicht nur wegen der Desertifikation oder des Klimawandels, sondern auch wegen der zunehmenden »Auto-Mobilität« der Nomaden. Da Nomaden immer häufiger Geländewagen benutzen, statt wie früher zu Fuß zu gehen, wird an immer mehr Stellen die dünne harte Kruste aufgebrochen, die viele Wüstenoberflächen überzieht und den darunter liegenden Sand davor schützt, vom Winde verweht zu werden. Man konnte diesen Effekt gut in Australien beobachten. Dort zerstörten die Hufe von Rindern und Schafen in den Halbwüsten im Landesinneren die dünne Vegetationsschicht und wirbelten jede Menge Staub auf.

Der in den Monaten vor der Regenzeit ununterbrochen wehende Harmattan macht das Leben im Sahel noch härter.

Ohne Wüstenstaub kein Regenwald

In schöner Regelmäßigkeit taucht Jahr für Jahr, meist im April, in den Wetterberichten der Saharastaub auf, untermalt von Satellitenbildern, die zeigen, wie sich riesige Wolken des gelben bis rötlich-braunen Staubs über Europa ausbreiten. Auf jedem Auto, jedem Fensterbrett und jedem Gartenmöbel hinterlässt er eine gut sichtbare Schicht. Was für uns Menschen in Europa ein kurzzeitiges, eher belangloses Wetterphänomen ist, ist global gesehen von ungeheurer Bedeutung. Der Staub aus der Sahara wird nämlich nicht nur nach Europa, sondern auch und vor allem in viel größeren Mengen über den Atlantik geweht und sorgt dort für die Düngung des Amazonasurwalds, der grünen Lunge der Welt.

Starke Regenfälle waschen im Amazonas ständig Nährstoffe aus dem Boden, und dennoch ist der Regenwald so grün wie eh und je. Das ist nur möglich, weil stets neuer Dünger angeliefert wird, und zwar in Form von Staub aus der Sahara, genauer von Staub aus der Bodélé-Niederung an ihrem südlichen Rand.

In früheren Zeiten gab es in der Sahara ein riesiges Binnenmeer, den Paläo- oder Mega-Tschad, das Abermillionen Pflanzen und Tiere nährte und deren Hinterlassenschaften nun auf dem einstigen Seegrund lagern: tonnenweise wertvolle Mineralien wie Phosphor und Eisen. Das Tibesti- und das Ennedi-Gebirge im Norden beziehungsweise Nordosten der Bodélé-Senke in der

Sandstürme stellen nicht nur Fotografen vor besondere Herausforderungen. Glücklicherweise sind sie selten.

Sahara bilden eine Düse, die den Passat derart beschleunigt, dass er bereits etliche Meter des nährstoffreichen Sediments vom ehemaligen Grund des Paläo-Tschad abgeschmirgelt und über den Atlantik verfrachtet hat. Und dieses größte Staubgebläse der Erde ist nach wie vor in Betrieb: Insgesamt 240 Millionen Tonnen Mineraldünger pro Jahr liefert es nach Mittel- und Südamerika. Im Sommer düngt der Saharastaub vornehmlich die Karibikinseln, deren obere Erdschichten sogar zum Großteil aus diesem Staub bestehen, im Winter, wenn der Passat einen Gang zulegt, den Amazonasdschungel. Und selbst noch auf Hawaii, Tausende Kilometer jenseits des amerikanischen Kontinents, fand man Phosphor, der aus der Sahara stammt.[10]

Die Tatsache, dass die Sahara den für die gesamte Erde so immens wichtigen Regenwald am Amazonas – und generell die Regenwälder in Mittel- und Südamerika – düngt und dadurch einen ganz wesentlichen Anteil an der Regulierung des Weltklimas hat, finde ich absolut faszinierend, und sie bestätigt auf besonders eindrucksvolle Art, wie unsinnig die Frage ist, ob Wüsten einen Nutzen haben. Abgesehen davon, dass man nicht alles und jedes nach seinem Nutzen beurteilen sollte und auch nicht kann, wissen wir bis heute immer noch viel zu wenig über das globale Spiel der verschiedenen Kräfte auf unserem Planeten. Es kann gut sein, dass sich in Zukunft herausstellt, dass der Wert von Wüsten noch weit über ihre Bedeutung als Düngemittel- und Rohstofflieferant hinausgeht.

Trocken ist relativ

Ein Kriterium der Wüste ist die Niederschlagsmenge. Doch sie ist es nicht allein, denn es kommt immer auch auf die Verdunstungsrate an, genauer auf das Verhältnis zwischen Niederschlag und Verdunstung. In der Antarktis etwa sind die Niederschlagsmengen teilweise extrem gering – etwa 50 Milliliter im Inneren des Kontinents[11] –, aber die Verdunstung ebenso. Die Bilanz fällt unter dem Strich positiv für den Niederschlag aus. In der Sahara, dem anderen Extrembeispiel, stehen durchschnittlich 40, 50 Millimeter Niederschlag im Jahr – in den gebirgigen Gegenden sind es mehr als im Süden Libyens und Ägyptens, wo die Sahara am trockensten ist – einer viel höheren potenziellen Verdunstung gegenüber. Sie kann in manchen Teilen der östlichen Zentralsahara 6000 Millimeter betragen.[12] Das hieße, ein sechs Meter tiefer See ohne Zu- und Abfluss wäre in einem Jahr komplett verdunstet.

Die Sahara hat die höchste Verdunstungsrate der Welt. Das spürt man am eigenen Körper. Wenn man sich an einem Brunnen die Haare wäscht, sind sie in ein, zwei Minuten trocken, selbst eine solche »Mähne« wie meine. An heißen Tagen kann man sich ein bisschen Abkühlung verschaffen, indem man sich ab und zu Wasser aufs T-Shirt spritzt oder sich ein Tuch um den Kopf wickelt und diesen »Turban« immer wieder mit Wasser tränkt, denn die enorm hohe Verdunstung bewirkt einen unglaublichen Kühleffekt. Wenn ich mal eine Dose Bier auftreiben konnte und sie mit einem nassen Waschlappen oder T-Shirt umwickelte, hielt ich innerhalb kürzester Zeit ein acht bis zehn

Grad kaltes Bier in Händen. Selbst in der größten Hitze. Bei uns funktioniert das nicht, weil die Luftfeuchtigkeit zu hoch ist und die Luft daher kaum mehr Feuchtigkeit aufnehmen kann: In Deutschland liegt die durchschnittliche Luftfeuchte im Sommer bei 70, im Winter bei fast 90 Prozent, in der Wüste oftmals unter zehn Prozent.

»Trocken« ist also relativ. Für mich ist Trockenheit kein Kriterium. So wird die Atacama oft als die trockenste Wüste der Erde bezeichnet. Ich würde sie eher *eine* der trockensten Wüsten nennen. Denn wo und wie misst man das? Tatsächlich gibt es Gebiete im Zentrum der Atacama, in denen die durchschnittliche jährliche Niederschlagsmenge nur 0,5 Millimeter erreicht. Andererseits gibt es in ihrer Küstenzone genug Nebel, um daraus Trinkwasser zu gewinnen. Dazu werden »Nebelfänger« gespannt, große Netze, an denen sich die Tröpfchen sammeln und nach unten in Behälter fließen. Das »Bauprinzip« hat sich der Mensch von einem Schwarzkäfer abgeschaut, den es nur in der küstennahen, ebenfalls oft nebelverhangenen Namib in Südwestafrika gibt. Der Nebeltrinker-Käfer hat eine sehr spezielle Methode entwickelt, um an Wasser zu kommen: Er reckt auf einem Dünenkamm sein Hinterteil nach oben, als würde er einen Kopfstand machen wollen. Auf den winzigen Noppen seiner Deckflügel kondensiert der Küstennebel zu kleinen Tröpfchen, läuft dank der »Schräglage« des Käfers zu einer Rinne auf dessen Rücken und von dort direkt in sein Maul. Mithilfe der Nanotechnologie haben Forscher die Struktur der Netze aus Nylon- oder Polypropylenfasern dem Rücken des Nebeltrinker-Käfers nachempfunden. Auch in der Namib wird mit dieser Idee experimentiert.

Der Niederschlagsmangel beziehungsweise die Trockenheit muss in Bezug zum Verdunstungsgrad, aber auch zu den örtlichen Verhältnissen gesetzt werden. Das ist ähnlich wie im Wald, wo bestimmte Bäume nur in bestimmten Lagen wachsen. So hat man auch in der Wüste sogenannte Gunststandorte, wo das wenige Wasser aus höheren Lagen, etwa einer Hochfläche, zusammenläuft, sodass dort Gras, ein Busch oder sogar ein Baum wachsen kann – wobei etliche Pflanzen nicht auf solche »Zusammenflüsse« angewiesen sind, sondern sich ihren Wasserbedarf aus dem Grundwasser ziehen. So zapfen Tamarisken und Akazien Grundwasser in bis zu 40 Meter Tiefe an, und kleine Pflanzen »ernähren« sich häufig über ein Wurzelsystem, das zwar nah an der Oberfläche liegt, dafür aber sehr weit verzweigt ist und daher selbst aus geringsten Niederschlagsmengen oder Nebelnässe genügend Nahrung saugen kann.

Mit ein paar Tropfen Wasser überleben

Da Pflanzen nicht die Möglichkeit haben, eine Wasserstelle anzufliegen, in regenreichere Gebiete abzuwandern oder einen Schattenplatz aufzusuchen, sind sie noch stärker als Menschen und Tiere gezwungen, sich den extremen Umweltbedingungen anzupassen und Strategien zum Überleben zu entwickeln.

Um das wenige Wasser, das ihnen zur Verfügung steht, nicht zu vergeuden und den austrocknenden Kräften von Sonne, Wind und den hohen Luft- und Bodentemperaturen weniger Angriffsfläche zu bieten, haben Wüstenpflanzen meist sehr kleine Blätter; oftmals sind sie als solche gar nicht zu erkennen. Pflanzen sind in dieser Hinsicht zwar etwas resistenter als Tiere, doch bei Temperaturen von über 50 Grad Celsius besteht die Gefahr, dass auch in ihren Zellen das Protoplasma gerinnt und austrocknet.

Die Pflanzenblätter haben zudem häufig einen derben, wasserdichten Überzug, der den Wasserverlust weiter einschränkt. Oft sind die Blattränder eingerollt, damit sich die Blattoberfläche verringert, oder es wird, aus demselben Grund, die Blattspitze zu einem Stachel umgebildet. Oder der Spross und einzelne Stängelabschnitte enthalten schon das notwendige Chlorophyll und übernehmen damit die Rolle der Blätter. Manche Arten von Sommerwurzgewächsen, so etwa die Gelbe Cistanche, haben sich darauf spezialisiert, die Versorgungsleitungen in den Wurzeln anderer Pflanzen anzuzapfen und sich dort das zu holen, was sie benötigen. Diese Schmarotzerpflanzen gehören mit ihren mächtigen, bis zu einem Meter hohen gelben oder prächtig violetten Blütenständen, die direkt aus der Erde hervorbrechen, zu den schönsten Wüstenpflanzen. Für ihr Schmarotzertum zahlen sie einen hohen Preis: Da sie selbst kein Chlorophyll ausbilden, kann sich ihr Keimling nicht selbst ernähren. Um sich fortzupflanzen, braucht er daher eine passende Wirtswurzel.

Anpassung an den Wassermangel garantiert jedoch nicht das Überleben, denn gerade weil die Vegetation so spärlich ist, schweben Wüstenpflanzen in umso größerer Gefahr, gefressen zu werden. Und das, weil sie nicht nur den Hunger, sondern auch den Wasserbedarf von Wüstentieren stillen müssen. Viele schützen sich gegen den Appetit und den Durst von Tieren durch Dornen oder Stacheln. Das bietet aber nur begrenzten Schutz, denn Kamele und Ziegen fressen die Pflanze trotzdem. Kamelen, so scheint es, kann es gar nicht stachelig genug sein. Und scheußlich zu schmecken schreckt auch nicht immer ab. Eine Pflanze ist erst dann gut geschützt, wenn sie giftig ist. Wenn inmitten abgefressener Graspolster üppig grüne Sträucher stehen, kann man sicher sein, dass diese unbekömmlich sind, so wie der namibische Damara-Milchbusch, das Schwarze Bilsenkraut oder der Fettblattbaum.

Giftig sind auch Koloquinten. Die etwa tennisballgroßen Knollen dieser Bitterkürbisse sind entweder gelb oder grün mit gelblich-weißen Sprenkeln und sehen dann einer kleinen Wassermelone zum Verwechseln ähnlich. Essen sollte man sie jedoch keinesfalls. Zwar wird ihr getrocknetes Fruchtfleisch in der Volksmedizin bei Asthma, Bronchitis, Durchfall, Rheuma, Schlangenbissen und vielem mehr eingesetzt, allerdings nur in geringen Dosen, denn der »Teufelsapfel«, so eine weitere von vielen Bezeichnungen, ist hochgiftig. Ein übermäßiger Verzehr kann sogar zum Tod führen. Von alledem wussten meine Freunde und ich nichts, als wir uns in jugendlichem Leichtsinn mit Koloquinten bewaffneten und eine Art Schneeballschlacht austrugen, während wir in zwei Autos nebeneinander fuhren. Wie kleine Kinder freuten wir uns, wenn einer der Bälle seinen Weg

Die fotogenen Joshua Trees gehören zu den Symbolpflanzen der nordamerikanischen Wüsten und werden bis zu 15 Meter hoch.

durch eines der offenen Fenster in das andere Auto fand und dort zerplatzte. Dass der bittere Geschmack unserer Wurfgeschosse noch Tage später an unseren Fingern haftete, fanden wir dann nicht mehr so lustig.

Sobald die kugelrunden Früchte im Innern vertrocknet sind, wodurch sie federleicht werden, lösen sie sich von der krautigen Pflanze und kullern vom Wind getrieben Hunderte Meter durch die Wüste. Das ist nett anzuschauen, hat aber natürlich auch einen tieferen Sinn: Irgendwann zerbersten die Schalen an einem kantigen Stein und geben die Samen frei.

Wenn dem Regen die Luft ausgeht

Neben dem Passat gibt es noch drei weitere Ursachen für die Entstehung von Wüsten, die sich auch vermischen können. Die eine ist die Entfernung zu einem Meer. Viele Wüsten im Inneren von Kontinenten – die Kontinentalwüsten – sind schlicht zu weit weg, als dass Wolken ihre Regenfracht von der Küste bis zu ihnen bringen könnten. Da auf der gesamten Erde das Wetter immer aus dem Westen kommt, müssten die Wolken ihre Last vom Atlantik über ganz Europa und Asien hinweg transportieren, um zum Beispiel die Gobi oder die Taklamakan in Zentralasien zu begrünen.

Anders verhält es sich bei den sogenannten Reliefwüsten; sie werden durch mächtige Gebirgszüge vom feuchten Klima abgeschnitten, so etwa das Death Valley in den USA vom Küstenklima durch die Sierra Nevada oder die Tschangtang in Tibet vom indischen Monsun durch den Himalaja. An der Südseite des Himalaja fallen die höchsten Niederschläge der Welt: bis zu 10 000 Millimeter im Jahr. Auf der Leeseite herrscht hingegen Trockenheit, weil kaum eine Wolke das riesige Gebirge überwinden kann und ihre Last daher spätestens an den Gipfeln ablädt. Nicht unerwähnt möchte ich lassen, dass die Bezeichnung manch trockener Gebiete im Himalaja, im Pamir, in Ladakh oder Tibet als »Wüste« umstritten ist, da man mit Wüste nicht unbedingt Berge und Täler, sondern weite Flächen assoziiert. Häufig wird argumentiert, dass man sonst ja eigentlich auch die vegetationslosen Hochlagen in unseren Alpen als Kältewüste bezeichnen müsste, oder auch, dass es oft zwar in den Tälern

staubtrocken ist, aber in den Hochlagen genügend Niederschläge fallen.

Die letzte Ursache für eine Wüstenbildung ist eine ganz spezielle. Sie ist keine alleinige wie der Passat, sondern eine, die begleitende klimatische Bedingungen verstärkt. Das trifft auf die Küstenwüsten wie die Namib im südlichen Afrika und die Atacama in Südamerika zu. Beide sind in erster Linie Passatbeziehungsweise Wendekreiswüsten, doch es kommt noch ein besonderer Effekt hinzu: aus polaren Gewässern gespeiste und somit kalte Meeresströmungen. Der Benguela- und der Kanarenstrom an der Westküste Afrikas und der Humboldtstrom an der Westküste Südamerikas mit Temperaturen um nur etwa zehn Grad kühlen die Luft direkt über dem Wasser ab. Darüber befindet sich eine warme Luftschicht, die das Aufsteigen der kalten und feuchten Luftmassen verhindert und so zu einer klassischen Inversionswetterlage führt. Es bildet sich zwar Nebel, der sich oft über Wochen hält, doch es gibt keine Niederschläge. Dieser Effekt ist bis maximal 20 Kilometer weit landeinwärts spürbar. Für jemanden, der es noch nie erlebt hat, ist es absolut verblüffend, zum Beispiel im namibischen Ort Aus bei sengender Hitze loszufahren, die Klimaanlage im Auto läuft auf vollen Touren. Und wenn man nach 120 Kilometern, die durch eine endlos scheinende Dünenlandschaft führen, im Küstenort Lüderitz aussteigt, ist man froh, wenn man eine Jacke eingepackt hat. Innerhalb der gut einstündigen Autofahrt kann die Temperatur nämlich um über 20 Grad fallen.

Die Dünen der Namib stoßen direkt an die Atlantikküste, über der im Winter zwar oft eine Nebeldecke liegt, aber niemals Regen fällt.

Fata Morgana – nichts als heiße Luft

Das Aufeinandertreffen von kalten und warmen Luftschichten ist für ein weiteres Phänomen verantwortlich, das fast immer mit Wüste in Verbindung gebracht wird: die Fata Morgana. Ehrlich gesagt wusste ich lange Zeit nicht, ob Fata Morgana ein physikalisches Geschehnis bezeichnet oder eine Wunschvorstellung. Es hat mich schlicht nicht gekümmert, weil ich nur selten eine sah. Die Filmwelt möchte uns gern vorspiegeln, dass eine Fata Morgana eine Halluzination sei, denn in einschlägigen Filmen tritt sie unweigerlich dann auf – und nach meiner Erinnerung auch nur dann –, wenn jemand am Verdursten ist und sich nichts sehnlicher herbeiwünscht als Wasser. Plötzlich sieht er in der Ferne Palmen, die eine Oase verkünden, oder eine Kamelkarawane, die ebenfalls Rettung verspricht.

Seinen Namen verdankt das Phänomen, das schon so manchen Wüstenreisenden narrte, der schönen Schwester von König Artus aus der keltischen Mythologie: Fee Morgane. Sie wohnte auf der für Sterbliche unerreichbaren Insel Avalon und zauberte der Legende nach Trugbilder von Inseln in die Straße von Messina bei Sizilien. Und da das italienische Wort für »Fee« »Fata« ist, wurde aus der britischen Morgan le Fay die italienische Fata Morgana. König Artus' Schwester kann aber nicht nur Inseln im Mittelmeer oder Palmen in der Wüste (vor)spiegeln, sondern auch Schiffe auf hoher See; so entstand vermutlich die Sage vom Fliegenden Holländer.

Tatsache ist, dass Licht, das durch eine kalte Luftschicht hindurch auf eine wärmere stößt, gebrochen wird. Dies geschieht allerdings nur, wenn es eine scharfe Grenze zwischen heißer und kalter Luft gibt, wenn es also windstill ist, denn Wind würde die beiden Luftschichten vermischen. Diese Grenze wirkt wie ein Spiegel. Auch in unseren Breiten kann man dieses physikalische Ereignis manchmal im Sommer beobachten, wenn die Sonne die Luft über dem Asphalt stärker aufheizt als die Umgebungsluft. Dann bilden sich scheinbar »Pfützen« auf dem Asphalt, in denen sich die Bäume vom Straßenrand oder Autos spiegeln, die sich von der anderen Seite der Spiegelung nähern. Üblicherweise stehen die gespiegelten Dinge auf dem Kopf, doch Mehrfachspiegelungen können sie wieder auf die Beine stellen. Das Ganze funktioniert übrigens auch, wenn sich die kalte Luftschicht unten und die warme oben befindet, daher kann es sogar in den Polarregionen Fata Morganen geben.

In der Wüste kann es passieren, dass sich der makellos blaue Himmel an der Grenze zwischen warmer und kalter Luft spiegelt und einen See vorgaukelt. Dadurch, dass die Warm-kalt-Grenze in der Wüste selten direkt am Boden liegt – es sei denn, man hat eine der wenigen Asphaltstraßen vor sich –, sondern in größerer Höhe, können auch Dinge weit »hinter« der Erdkrümmung gespiegelt werden. Das können tatsächlich, so wie in den Filmen, die Palmen einer Oase oder die Kamele einer Karawane sein, die aber unter Umständen viele Kilometer entfernt sind. Gegebenenfalls zu weit, um nicht zu verdursten, aber zumindest kann man das Wissen um die Luftspiegelung zur Orientierung nutzen, denn irgendwo muss das reale »Vorbild« ja sein.

Die »Himmelstreppe« – Kunstwerk mit Überraschungen

Eine Fata Morgana als Orientierungshilfe hätte ich mir bei der Suche nach der »Himmelstreppe« gewünscht. Mitte der 1980er-Jahre ließ der in Bad Harzburg geborene Künstler Hannsjörg Voth auf einer sonst leeren Fläche inmitten der Marha-Ebene im Süden Marokkos eine 16 Meter hohe »Himmelstreppe« in traditioneller Lehmbauweise errichten: 52 Stufen, die ins Nichts führen.

Anfang der 1990er-Jahre machte ich mich auf den Weg zu dieser Treppe. Damals gab es noch kein GPS, das Kunstwerk war auf keiner Karte eingezeichnet, und es lag auch nicht in der Nähe einer Ortschaft, an der man sich hätte orientieren können. Klar war nur die ungefähre Richtung, die ich einschlagen musste. Und so holperte ich mit meiner damaligen Freundin in einem gemieteten Peugeot 205, der seine besten Tage bereits hinter sich hatte, querfeldein. Man denkt, so ein Bauwerk, das auf ebener Fläche aufragt, müsse man schon von Weitem sehen, doch 16 Meter ist gerade mal so hoch, wie der Strafraum auf einem Fußballfeld tief ist, und die Wüste ist groß. Es glich der Suche nach einer Nadel im Heuhaufen. Irgendwann bekam der Horizont eine Ausbuchtung, und da meines Wissens weit und breit nichts anderes als ebendiese Himmelstreppe war, musste sie das sein. Und so war es auch.

Etwas ratlos standen wir schließlich vor Voths Werk und fragten uns, was er damit zum Ausdruck bringen wollte. Das Bauwerk bildet ein Dreieck, dessen langer Schenkel am Boden aufliegt. Die Stufen sind, eingebettet zwischen zwei Brüstungen, in die Stirnseite eingebaut, die sich von knapp sieben Meter am Boden auf gut dreieinhalb Meter an der Spitze verjüngt. Am oberen Ende ist eine kleine Plattform, von der aus man in zwei Räume im Inneren gelangt, die der Künstler zeitweise als Wohnung und Atelier nutzte.

Während ich Stufe für Stufe erklomm, hatte ich tatsächlich den Eindruck, in den Himmel zu steigen. Es war eine seltsame Erfahrung. Wo immer man sonst eine Treppe hinaufgeht, sieht man etwas über sich: das nächste Stockwerk, den Dachstuhl oder was auch immer. Auch auf dem Weg von der U-Bahn ins Freie ragt immer irgendetwas ins Blickfeld, das Dach eines Hauses, eine Straßenlaterne, die Äste eines Baumes … Doch hier war nur tiefes, reines Blau über mir. Auf der Plattform angekommen, verschlug es mir vor Überraschung fast den Atem. Trotz ihrer geringen Höhe von nur 16 Metern gewährte die Himmelstreppe einen erstaunlich weiten Blick über die Ebene. Es war, als würde ich über der Wüste schweben. Die Treppe hat im wahrsten Sinn des Wortes meinen Horizont erweitert. Sie mag dem ersten Anschein nach völlig unnütz und unmotiviert in der Wüste stehen, aber der Blick von ihrer Spitze »hinter« den Horizont war ein besonderes, ein geradezu sinnliches Erlebnis.

Ganz bewusst bin ich nie wieder dorthin zurückgekehrt. Herr Voth blieb nämlich nicht untätig und stellte der Himmelstreppe weitere Kunstwerke zur Seite: sieben bis zu 15 Meter hohe Türme, die in ihrer Anordnung das Sternbild des Orion spiegeln, und eine spiralförmige Rampe, von deren höchstem Punkt man über eine Wendeltreppe zu einem Brunnen hinabsteigt, um den herum sich die Spirale windet. Möglicherweise sorgen diese Bauten ebenfalls für ganz außergewöhnliche Eindrücke, doch ich fürchte, für mich wäre der Zauber der Himmelstreppe dahin, der auch darin lag, dass sie völlig allein auf weiter Flur stand.

Heiße Tage, kalte Nächte – eine Halbwahrheit

Wenn über das Klima in der Wüste geredet oder geschrieben wird, stolpert man ständig über die Behauptung, dass der Temperaturunterschied zwischen Tag und Nacht enorm hoch sei. Das ist schlicht falsch und nichts anderes als Effekthascherei. Da werden gern die niedrigsten Nachttemperaturen im Winter den höchsten Tagestemperaturen im Sommer gegenübergestellt. Mit dieser Methode komme ich sogar in München problemlos auf eine Differenz von beinahe 70 Grad. Am Münchner Flughafen wurden am 21. Januar 1942 minus 30,5 Grad und am 13. August 2003 plus 37,1 Grad gemessen. Genau so kommen die falschen Vorstellungen über die Temperaturen in der Wüste zustande: Es werden Äpfel mit Birnen verglichen.

In den Kontinentalwüsten, wo kein naher Ozean für einen Temperaturausgleich sorgt, können die jahreszeitlichen Temperaturschwankungen tatsächlich extrem sein und mein Münchner Beispiel sogar toppen. So steigen die Temperaturen etwa in der Gobi an Sommertagen auf 45 Grad und fallen in Winternächten auf unter minus 40 Grad. Doch grundsätzlich ist es ganz ähnlich wie bei uns: Hitze herrscht nur im Sommer – und da ist es auch in Griechenland, Italien, Spanien und sogar bei uns heiß –, und auf einen heißen Sommertag folgt eine warme Nacht. Und im Winter auf eine eisige Nacht ein kühler Tag. Allerdings ist der Temperaturunterschied zwischen Tag und Nacht in der Wüste ein bisschen höher als bei uns – um gerade mal ein paar Grad –, da keine Wolken die Wärme des Tages zurückhalten und keine Gewässer oder Häuserschluchten die Wärme speichern, weshalb die Wüste schneller abkühlt.

Das Temperaturempfinden ist ja nicht bei jedem Menschen gleich. Während der eine bei 20 Grad bereits fröstelt, empfindet der andere eine solche Temperatur als recht angenehm, und während dem einen schon 25 Grad zu warm sind, kommt der andere erst bei 35 Grad ins Schwitzen. Ab 40 Grad wird es in der Regel für jeden von uns unangenehm. Aufgrund der niedrigen Luftfeuchtigkeit sind 40 Grad in der Wüste jedoch erträglicher als 40 Grad in Mitteleuropa oder gar in einem feuchtigkeitsgeschwängerten Regenwald. Und man schwitzt nicht. Denkt man zumindest. Genau genommen schwitzt man sehr wohl, sogar sehr viel,

Ich habe in den Wüsten mehr gefroren als geschwitzt. Auf dem Altiplano in Bolivien ließ die trockene Kälte sogar meine Filme zerbrechen.

doch man spürt es nicht, weil der Schweiß in der trockenen Luft sofort verdunstet. Darin liegt andererseits die große Gefahr: Weil man nicht ständig schweißgebadet ist, bemerkt man nicht, dass der Körper literweise Wasser verliert und dehydriert. Man hat natürlich Durst und trinkt mehr als üblich, aber womöglich doch zu wenig.

Zwei Hitzerekorde erlebte ich in der Wüste. Der eine war am Assalsee in Dschibuti in Nordostafrika. Die Wasseroberfläche des nur wenige Meter tiefen, aber bis zu 54 Quadratkilometer großen Salzsees am Südostrand der Danakil-Senke, häufig auch »Afar-Dreieck« genannt, liegt 154 Meter unter dem Meeresspiegel und ist der tiefste Punkt Afrikas. Das Thermometer dort zeigte exakt 50 Grad an, was ich aber nicht als sonderlich schlimm empfand, da eine befestigte Straße bis zum Ufer des Sees führte und ich wusste, dass in dem kleinen Staat mit seiner guten Infrastruktur das nächste kalte Getränk keine zwei Fahrstunden entfernt war. Der zweite glühend heiße Tag war auf dem Weg nach Chinguetti, Mauretanien, mit 51 Grad. Wer so dumm ist, sagte ich mir damals, im August in den Glutofen der Sahara zu fahren, hat es nicht besser verdient. Meine einzige Entschuldigung war, dass ich diese Wüstenfahrt zusammen mit meinen Kindern Gina und David machen wollte und in Deutschland gerade Schulferien waren. Es war nur ein Grad wärmer als am Assalsee, gefühlt waren es jedoch weit mehr. Die Hitze war richtig aggressiv. Die Fenster herunterzukurbeln brachte überhaupt nichts, denn der Fahrtwind war derart heiß, dass man das Gefühl hatte, er versenge einem die Haut. Dazu kam gleißendes Licht, das die gefühlte Temperatur noch um ein paar Grad steigen ließ.

Wie gern wäre ich da eine Termite in ihrem Bau gewesen. Die von außen unscheinbaren Termitenhügel lassen nicht erahnen, dass in ihrem Innern ein geniales Belüftungs- und Kühlsystem steckt: Die Insekten nutzen bei ihren Bauten durch entsprechend angebrachte Luftschächte und Gänge den sogenannten Kamineffekt, ein physikalisches Prinzip, das für eine gleichmäßige

Temperatur, Luftfeuchtigkeit und Luftqualität sorgt. In Harare, der Hauptstadt von Simbabwe, hat man sich beim Bau eines Einkaufs- und Bürozentrums dieses Prinzip abgeschaut. Mit überwältigendem Erfolg: Mit nur zehn Prozent der Energie, die üblicherweise in dem heißen Gefilde für die Kühlung eines Gebäudes dieser Größe benötigt wird, hält man dort die Temperatur auf angenehmen 23 bis 25 Grad.

Im Sommer in der Wüste zu reisen hat mehrere Nachteile. Erstens muss man wesentlich mehr Wasservorräte mitführen – zwischen acht und zehn Liter am Tag allein zum Trinken. Zweitens läuft man eher Gefahr, einen Hitzschlag oder einen Kreislaufkollaps zu erleiden. Drittens trägt heißer Sand schlechter als kühler, was bedeutet, dass man sich im Sommer viel leichter mit dem Fahrzeug im Sand festfährt. Und ein eingesandetes Auto bei 40 oder 45 Grad auszugraben ist die reinste Tortur. Das Laufen ist bei solchen Temperaturen natürlich ebenfalls weit anstrengender.

Das haben auch etliche Wüstentiere verstanden und sich darauf eingestellt. Viele Kleinsäuger wie Mäuse, Erdmännchen oder Mangusten graben sich Gänge und Höhlen in den kühleren Untergrund, um der Hitze des Tages zu entgehen. Oder sie halten gleich »Sommerruhe« oder »Sommerschlaf«, das Gegenstück zum Winterschlaf in unseren Breiten, wie beispielsweise die filigrane Wüstenspringmaus, die mit ihren extrem langen Hinterbeinchen im Sitzen aussieht wie ein Mini-Känguruh, oder die eher plumpe Dickschwanzmaus, die mit ihren sehr kurzen Beinen und dem ebenfalls kurzen Schwanz eher einem Hamster ähnelt. Meist verkriechen sich die Tiere für den Sommerschlaf in ihre unterirdischen Bauten, Schlangen und Echsen nutzen auch schattige Felsspalten als Rückzugsorte. Während der Sommerruhe werden der Stoffwechsel und die Atmung stark herabgesetzt; bei Tieren, die wie wir Menschen ein System zur Regulierung der Körpertemperatur haben, wird dieses System

»abgeschaltet«, sodass sich ihre Körpertemperatur während des Sommerschlafs nach der Temperatur der Umgebung richtet.

Wir Menschen können der extremen Hitze nicht entfliehen. Das macht den großen Unterschied zu Kälte aus. Der Kälte kann man entkommen, indem man sich entsprechend anzieht. Mit mehreren Schichten Kleidung, dicker Daunenjacke, einer Frostschutzmaske und zur Not beheizbarer Unterwäsche und Schuheinlegesohlen werden selbst minus 40 Grad einigermaßen erträglich. Außerdem kann man im Auto die Heizung aufdrehen oder sich bei Gelegenheit in einer Jurte aufwärmen. Sich bei Gluthitze in einem Zelt abkühlen zu wollen verspricht eher wenig Erfolg, und die Klimaanlage eines Autos ist schnell überfordert. Auch mit Kleidung kann man wenig gegen Hitze ausrichten. Da bleibt nur, Ruhe zu bewahren, Bewegung zu vermeiden und auf den Abend zu warten. Denn eines ist sicher: Es hat nicht 24 Stunden lang 50 Grad.

Auch manche Autos haben mit der Hitze zu kämpfen. Wenn die Anzeige für die Öl- und die Wassertemperatur höher und höher steigt, hilft nur eines: die Heizung volle Pulle aufdrehen, damit das Kühlwasser zusätzlich durch den Heizungskühler gekühlt wird. Dadurch wird es zwar in der Fahrgastzelle bullenheiß, was zugegebenermaßen eine Qual für die Insassen ist, aber es entlastet den Motor – zumindest kurzfristig.

Ich habe in den 40 Jahren, die ich in den Wüsten dieser Welt unterwegs war, allerdings viel mehr gefroren als geschwitzt – dabei klammere ich die Eiswüsten aus verständlichen Gründen aus. Das liegt daran, dass ich nach etlichen leidvollen Erfahrungen im Sommer meine Wüstentouren in den Winter verlegte. Zwar vertrage ich Hitze besser als Kälte, weshalb es mir nichts ausmacht, in der Mittagshitze durch die Wüste zu fahren, statt irgendwo dösend auf die gnädigere Nachmittagssonne zu warten. Doch wenn ich bei 40 Grad einen Reifen flicken oder das Auto oder Motorrad reparieren muss, verliere auch ich an Schwung.

Im Winter ist das Klima in der Wüste, jedenfalls in den Passatwüsten, viel angenehmer. Die schönsten Tage in der Wüste hatte ich daher definitiv im Winter, wenn es grundsätzlich kühl ist, aber die Sonne angenehm wärmt. Vergleichbar einem schönen Oktobertag bei uns, wo man im Schatten einen Pullover braucht, aber in der Sonne ein T-Shirt reicht. Solche Tage erlebt man mit hundertprozentiger Sicherheit im Juli und August in den Wüsten Australiens oder in der Namib im südlichen Afrika und im Dezember und Januar in der Sahara oder in der Sonora, die sich auf der Pazifikseite des amerikanischen Kontinents vom Süden der USA bis nach Mexiko hinein zieht. Außerdem gibt es im Winter keine Sandstürme, nur den üblichen Passat; die Oasen sind frei von Moskitos, und – ein nicht zu verachtender Pluspunkt – die wärmeliebenden Schlangen und Skorpione sind mehr oder weniger zur Inaktivität verdonnert.

Was sich für mich aber als weit wichtiger herausstellte, ist die Tatsache, dass der Wüstenwinter für einen Fotografen ideale Voraussetzungen bietet: Der Himmel ist fast immer von einem tiefen Blau, das von keiner Wolke, keinem Kondensstreifen gestört wird, das Licht viel schöner und die Fernsicht scheinbar unendlich; die niedrig stehende Sonne wirft lange Schatten und zeichnet scharfe Konturen.

Fairerweise muss ich sagen, dass es recht ungemütlich wird, sobald die Sonne untergegangen ist und wenn man tagsüber nicht genug Brennholz gefunden hat, um sich an einem Feuer zu wärmen. Notgedrungen lagen meine Reisegefährten und ich daher oft schon um sechs, spätestens sieben Uhr abends in unseren Schlafsäcken. Das wäre bei uns im Winter im Freien aber nicht anders.

Die Gobi – im Sommer Glutofen, im Winter Eisschrank

In hoch gelegenen Wüsten wie dem Altiplano, einer Hochebene in Bolivien und Peru, die sich auf einer durchschnittlichen Höhe von 3700 Metern über dem Meeresspiegel zwischen den West- und den Ost-Anden erstreckt und wo die Temperaturen im Winter nachts auf minus 20 Grad fallen, und vor allem in Kontinentalwüsten wie der Gobi ist es mit dem Winter so eine Sache. Bleiben wir beim Beispiel Gobi: Tagsüber hat es um minus 20 bis minus 30 Grad. Bei Sonnenschein und Windstille empfindet man das durchaus als angenehm. Skifahrer und Winterwanderer kennen das: Wenn man bei herrlichem Wetter auf der windgeschützten Terrasse einer Hütte Pause macht, schlüpft man erst aus dem Anorak und krempelt ein paar Minuten später die Ärmel hoch, weil es so warm ist. Nachts können die Temperaturen in der Gobi allerdings schon mal auf minus 50 Grad fallen.

Eine solch kalte Nacht erlebte ich in Khongoryn Els, einem sehr schönen Dünengebiet in einem Tal im südlichen Teil der Gobi, das für seine »singenden« Dünen bekannt ist. Schon die ersten Wüstenreisenden, darunter Marco Polo, berichteten von diesem Phänomen, das in fast allen Dünengebieten der Erde auftritt, doch erst vor wenigen Jahren lösten Forscher durch Feldstudien und Laborversuche das Rätsel: Die Töne werden durch das synchrone Abrutschen einer größeren Menge von Sand ausgelöst. Dabei beginnen die Sandkörner zu vibrieren und versetzen die umgebende Luft in Schwingungen. Eine Schallwelle entsteht. Je kleiner die Sandkörner sind, umso höhere Töne erzeugt die Lawine – und umgekehrt: je größer die Sandkörner, umso tiefer und dumpfer der Ton. Daher ist das Geräusch mal glockenhell, mal vernimmt man ein dumpfes Rumpeln oder Donnern. Und je einheitlicher die Größe der Sandkörner, desto monotoner klingt es. Sind die Körner hingegen von unterschiedlicher Größe, kann die Düne mehrstimmig singen. Wie es allerdings zu einem synchronen Abrutschen der Sandkörner kommt, ist bis heute nicht geklärt.

Mein Reisepartner Jörg Reuther und ich waren den ganzen Tag durch die Wüste gewandert, hatten am frühen Abend noch Przewalski-Pferde fotografiert, deren letztes natürliches Verbreitungsgebiet die Steppen und Bergtäler der Gobi sind, und die Nacht auf Einladung einer Mongolenfamilie in ihrer wohlig beheizten Jurte verbracht. Alles war gut und schön, bis ich am nächsten Morgen vor Sonnenaufgang ins Freie trat, um die Kamele in ihrem Pferch zu fotografieren, die mit ihrem dicken, zotteligen Winterfell sehr beeindruckend aussehen. Im Übrigen sehen auch die Nomaden – jedenfalls für mich als Fotografen – im Winter besser aus. Denn während sie in der wärmeren Jahreszeit nun oft in Adiletten und Trainingsanzug oder irgendwelchen chinesischen Billigklamotten herumlaufen, tragen sie im Winter gern den *Deel,* den traditionellen wadenlangen Umhang mit überlangen, weiten Ärmeln und hohem Kragen, der in seiner Winterausführung – also mit Schaf- oder Ziegenfell gefüttert – einen hervorragenden Schutz gegen die Kälte bietet.

Die zotteligen Trampeltiere und in ihren Deel gehüllten Nomaden waren ein Grund, die Gobi im Winter zu bereisen. Aber 48 Grad minus hätte ich nun wirklich nicht gebraucht. Ich fragte mich, wie kalt es wohl in den Senken sein mochte. Ihr Winterlager schlagen die Nomaden nämlich in etwas höher gelegenem Gelände auf, da sich die Kälte in den Tälern fängt.

Während ich darauf wartete, dass die Sonne aufging, um die Dampfwolken, die die Tiere ausstießen, im Gegenlicht aufnehmen

NON
STOP
Castrol

zu können, bangte ich zum einen um meine Kamera. Profikameras beziehungsweise ihre Akkus halten bis minus 50, maximal minus 55 Grad aus, und wir waren hart an der Grenze. Zum anderen sorgte ich mich um meine Nasenspitze, denn die war mir schon einmal an der Kamera festgefroren. Nach Sonnenaufgang fotografierte ich eine halbe Stunde lang, was bei solch niedrigen Temperaturen recht umständlich ist: kurz raus aus dem Handschuh, Kamera einstellen, auslösen, schnell wieder rein in den Handschuh. 60 Minuten, mehr Zeit bleibt im Winter nicht, denn danach ist die Sonne schon zu hoch und verliert ihren satten Gelbanteil, sodass das Licht zu hart für gute Aufnahmen wird. Was mir an dem Morgen gerade recht war, denn ich hatte die Bilder, die ich haben wollte, und war froh, wieder in die warme Jurte schlüpfen zu können, wo schon ein heißer Tee auf mich wartete.

Während man sich selbst und den Akku einer Fotokamera über Nacht in einer Jurte vor der Kälte schützen kann – die Kamera selbst muss draußen bleiben, da sich bei einem Wechsel von sehr kalt zu sehr warm Kondenswasser auf der Frontlinse, zwischen den Linsen und auf dem Sensor bilden würde –, ist das bei Autos schwerlich möglich. Mit der Folge, dass sie sich am nächsten Morgen als ausgesprochen bockig erweisen. Ein jeder Bewohner dieser Region, der ein Auto sein Eigen nennt, und ein jeder Taxi- und Lkw-Fahrer führt daher eine Lötlampe und eine große Abdeckhaube mit sich. Vor der Abfahrt wird die Plane über das Gefährt geworfen und die Luft darunter mithilfe der Lötlampe so lange angewärmt, bis der Motor anspringt. Als ich das erste Mal unter einem verhüllten Etwas zwei Beine herausragen sah und nur das Zischen der Lötlampe hörte, wunderte ich mich sehr. Noch mehr wunderte ich mich, als ich in Sibirien

Im Himalaja entfachen indische Lkw-Fahrer nach kalten Wüstennächten Feuer unter den Dieselmotoren, um sie anlassen zu können.

nicht nur einmal sah, wie ein Fahrer ein Feuer unter seinem Lkw entfachte. Die haben Nerven, dachte ich mir, das kann aber böse ins Auge gehen.

Eisige Kälte und Trockenheit führen in der Mongolei zur am meisten gefürchteten Klimakatastrophe: dem *Dsud*. Der *Weiße Dsud* geht mit extrem starken Schneefällen einher, der *Eiserne* oder *Eisige Dsud* begräbt alles unter einer geschlossenen Eisdecke. In beiden Fällen finden die Tiere in der Natur keine Nahrung mehr, und die Herdenbesitzer haben weder die Möglichkeit noch das Geld, von irgendwo Futter heranzuschaffen. Der *Schwarze Dsud* ist eine Kombination aus klirrender Kälte mit einem Mangel an Schneefall, was dazu führt, dass die Tiere verdursten. Früher gab es etwa alle zehn Jahre einen Dsud, im Zuge des Klimawandels verkürzen sich nun jedoch die Abstände.[13] In den Wintern 1999/2000, 2000/2001 und 2001/2002 gab es drei Dsuds in Folge, 2009/2010 bereits den nächsten, den schlimmsten seit Langem, und 2015/2016 und 2016/2017 gleich wieder zwei hintereinander. Infolge des extremen Dsuds von 2009/2010 verendeten 8,5 Millionen Tiere.[14] Eine grausam hohe Zahl, die aber »nur« die Nutztiere erfasste: Rinder, Yaks, Kamele, Pferde, Ziegen und Schafe. Wie viele Wildtiere – Wildkamele, Esel, Steinböcke, Gazellen, Kleinnager und so weiter – dem Dsud zum Opfer fielen, weiß kein Mensch.

Wüste ist nicht gleich Wüste

Für die meisten Menschen entstehen bei dem Stichwort »Wüste« unweigerlich Bilder von Dünen im Kopf. Gibt man bei Google unter der Kategorie »Bilder« den Suchbegriff »Wüste« ein, sieht man ebenfalls überwiegend Fotos von Dünen. Tatsächlich aber machen Sandwüsten nur etwa 20 Prozent der Wüstenflächen der Erde aus. Und davon sind wiederum nur die Hälfte ausgesprochene Dünenlandschaften, sogenannte *Ergs*, ein Begriff der Geomorphologie (Landformenkunde). In der nördlichen Zentralsahara nennt man einen Erg auch *Edeyen*, in Arabien *Nefud* und in Zentralasien *Kum* oder *Els*.

Wüsten lassen sich unterschiedlich kategorisieren. Die gröbste Unterteilung ist diejenige in Trockenwüsten einerseits und in Kälte- und »Eiswüsten«, sprich Polarwüsten, andererseits. Bei diesen Stichworten tauchen sicher auch wieder unweigerlich Bilder im Kopf auf: Sahara und Antarktis. Aber so einfach ist es nicht. Zwar ist die Sahara in der Tat eine Trockenwüste, doch die Antarktis nur zu einem geringen Prozentsatz eine Kältewüste. »Kältewüste« ist nämlich nicht gleichbedeutend mit »Eiswüste«. In meinen früheren Büchern habe ich die von einem Eisschild bedeckten Regionen in der Arktis und der Antarktis als »Eiswüsten« bezeichnet, doch im Grunde ist das nicht korrekt. Wüste ist erdgebunden, aber wenn auf dem tatsächlichen festen Land eine bis zu 5 000 Meter dicke Schicht gefrorenen Wassers liegt, kann man nicht mehr von »erdgebunden« reden. Insofern ist »Eiswüste« nicht mehr als ein sprachliches Bild, so, wie wenn ich den Atlantik als »Wasserwüste« bezeichne. Wie dem auch sei: »Oberflächlich« betrachtet, erkennt man keinen Unterschied zwischen einer Trocken- und einer Kältewüste.

Im Juli 2011 fuhr ich auf dem russischen Eisbrecher *Kapitan Dranitsyn* von Murmansk durch die Barentssee zum nördlichsten Archipel der Erde: Franz-Josef-Land. Die nur knapp 1 000 Kilometer vom Nordpol entfernte Inselgruppe war erst 1873 entdeckt worden, und zwar im Verlauf der Österreichisch-Ungarischen Nordpolarexpedition von Julius Payer und Carl Weyprecht, was ihren ungewöhnlichen Namen erklärt: Sie wurde nach Franz Joseph I. benannt, dem damaligen Kaiser von Österreich-Ungarn; nur wurde, aus welchem Grund auch immer, aus des Kaisers »ph« ein »f«. Erstaunlicherweise behielten die Russen diesen Namen bei, als sie im Jahr 1926 die 191 Inseln kurzerhand als zu ihrem Hoheitsgebiet gehörig erklärten; sie haben ihm lediglich eine russische Version verpasst: Semlja Franza-Iosifa. Mit einem Zodiac, einem Schlauchboot mit festem Rumpf, wurden die Passagiere auf die Champ-Insel gebracht, in eine der wenigen polaren Kältewüsten der Erde. Wenn ich nicht mit dem Eisbrecher angereist, sondern dorthin gebeamt worden wäre und wenn es nicht so kalt gewesen wäre, dass ich selbst in der Daunenjacke noch fröstelte, hätte ich genauso gut irgendwo in der Sahara stehen können. Vor mir breitete sich eine offene Landschaft aus, die geprägt war von Geröll. Nirgendwo war ein Pflänzchen zu sehen, geschweige denn ein Strauch oder ein Baum.

Für die Entstehung von Kältewüsten, die es nicht nur in den Polarregionen, sondern auch in Hochgebirgen gibt, ist zwar wie bei den »klassischen« Wüsten ein Mangel an Niederschlägen verantwortlich, vor allem aber ein Mangel an Wärme. Wärmemangel ist nicht unbedingt gleichbedeutend mit Kälte. Sibirien zum Beispiel, das bis zu neun Monate unter einer Schneedecke begraben wird und wo das Thermometer im Winter auf minus 70 Grad rutschen kann, ist weithin von der Taiga geprägt. Die

Wälder dort wachsen und gedeihen, weil die Sommer zwar kurz, aber mit Temperaturen von bis zu 40 Grad warm sind. Erst wenn die Sommer zu kurz *und* zu kühl sind – mit einer Durchschnittstemperatur von unter zehn Grad –, als dass eine nennenswerte Vegetation gedeihen könnte, spricht man von Kältewüste. In einer Kältewüste findet man allenfalls ein paar vereinzelte Flecken mit Flechten und Moosen, nur unterhalb von Vogelkolonien wachsen sie dank des Naturdüngers flächendeckend.

Kältewüsten sind extrem selten, sie bedecken gerade einmal zwei Prozent der Landoberfläche, zum Beispiel im Norden von Grönland und Spitzbergen und eben auf Franz-Josef-Land. Und auch Franz-Josef-Land ist nur zu etwa 15 Prozent Kältewüste, die übrigen 85 Prozent sind von bis zu 400 Meter dicken Eiskappen überzogen, sind also »Eiswüste«.

Nun wieder zu den Trockenwüsten. Sie lassen sich – neben der Einteilung in Passat-, Kontinental-, Relief- und Küstenwüsten – auch nach ihrem geomorphologischen Erscheinungsbild unterscheiden. Die typische Wüstenform und weit häufiger als die Sandwüste ist die Fels- und Steinwüste beziehungsweise Geröllwüste oder *Hammada.* Sie nimmt 70 Prozent aller Wüstenflächen der Erde ein. Dass man bei »Wüste« dennoch nicht automatisch eine Hammada vor seinem geistigen Auge hat, liegt schlicht daran, dass man so wenige Bilder von einer Geröllwüste sieht. Die Geomorphologie unterscheidet außerdem nach Kieswüste (*Reg* oder *Serir*) und Gebirgswüste. Ein anderer, weitverbreiteter Oberflächentyp sind Schwemmebenen oder Schwemmfächer: fast ebenes, ausgedehntes Gelände, auf dem Kies und Sand abgelagert wurden, die episodische Niederschläge aus verwitternden Hängen im Hinterland herausgewaschen haben. Spätestens wenn das Wasser mit seiner »Fracht« in der Ebene ankommt, nimmt seine Fließgeschwindigkeit abrupt ab, sodass es sich nach allen Seiten auffächert. Schwemmebenen zeigen eindrucksvoll, dass Wasser selbst dort, wo Wassermangel herrscht, eine stark landschaftsbildende Kraft hat. In Becken und Senken findet man häufig Salzseen vor; ihnen gemeinsam ist der fehlende Oberflächenabfluss. Sie haben je nach Region ganz unterschiedliche Bezeichnungen wie *Salar* in Südamerika, *Vlei* oder *Pan* im südlichen Afrika, *Schott* in Nordafrika oder *Kawir/Kewir* im Iran.

Ein Meer aus Sand – der Erg

Sand gibt es fast in jeder Wüste, mal mehr, mal weniger. Da, wo Sand ist, sind aber nicht automatisch Dünen. Etliche Wüsten, wie zum Beispiel diejenigen in Nord- und Südamerika, sind fast dünenfrei, und die Ténéré, bei deren Nennung viele sofort Bilder traumhaft schöner Dünen vor ihrem geistigen Auge sehen, ist zum großen Teil eine brettebene Sandwüste. Eine richtig schöne Dünenlandschaft findet man in der Taklamakan, die im Tarim-Becken zwischen dem Tian-Shan-Gebirge im Norden und dem Himalaja im Süden liegt. Aber da wird der Reisende von den Dünen enttäuscht sein. Sie sind nicht besonders groß, 20, 30, vielleicht 40 Meter hoch, teilweise bewachsen.

Die größte und im Grunde die einzige Wüste der Welt, die zur Gänze eine Sandwüste ist, ist die Rub al-Khali auf der Arabischen Halbinsel. Alle anderen Sandwüsten, wie zum Beispiel Erg Chebbi in Marokko oder der Große Erg von Bilma am Südostrand der Ténéré in Niger, sind Teilgebiete größerer Wüsten, in diesem Fall der Sahara.

Es gibt so gut wie keine Oasen in der Rub al-Khali, was ihr ihren Namen einbrachte: Rub al-Khali bedeutet »Das leere Viertel«. Bis heute ist diese Wüste eine der abgeschiedensten und am wenigsten erforschten Regionen der Erde. Die 780 000 Quadratkilometer große Rub al-Khali – zum Vergleich: Deutschland umfasst eine Fläche von knapp 360 000 Quadratkilometern – ist von Sand bedeckt und der größte Teil davon, nämlich über 600 000 Quadratkilometer, von bis über 200 Meter hohen Mega- oder Riesendünen, sogenannten *Draas*.

Bislang galten die Draas (arabisch für »Arm«) in der Namib als die höchsten der Welt, allen voran »Düne 7« mit einer Höhe von 383 Metern, so zumindest laut des Tourismusverbands von Namibia,[15] dicht gefolgt von »Big Daddy«, deren Höhe mal mit 325, mal mit 350 oder auch 380 Metern angegeben wird, und der nur unwesentlich kleineren »Big Mama«. Im Februar 2017 soll der saudische Anthropologe und Fernsehmoderator Eid Al Yahya in der Rub al-Khali eine Draa entdeckt haben, die »Big Daddy« um 37 Meter überragt. So berichtete es der Nachrichtensender al Arabiya in den Vereinigten Arabischen Emiraten.[16] Ich weiß nicht so recht, was ich davon halten soll. Zum einen wurde diese »Entdeckung« nur von al Arabiya vermeldet und von ein paar anderen arabischen Medien kopiert, zum anderen

Die Rub al-Khali ist die einzige reine Sandwüste der Erde. Ihre großen Dünen sind seit Jahrhunderten ortsfest.

wurde »Big Daddys« Höhe mit 418 Metern angegeben, was ich so noch nirgendwo anders gelesen habe. Das Problem dabei ist, dass die Höhe von Dünen, ebenso wie die von Bergen, höchst unterschiedlich sein kann, je nachdem, welchen Ausgangspunkt man für die Messung wählt. Und da bei manchen Höhenangaben der Referenzpunkt fehlt, werden auch hier gern Äpfel mit Birnen verglichen. Wie dem auch sei, Draas sind jedenfalls hoch und sehr alt.

Megadünen kommen ausschließlich in Ergs vor und wurden ausnahmslos in früheren Zeiten aufgehäuft – meistens im Pleistozän, also vor etwa 2,5 Millionen Jahren oder auch »erst« vor 12 000 Jahren –, als die Windgeschwindigkeiten viel höher waren. Heutzutage sind sie relativ ortsfest, sodass sie regelrecht kartiert werden können. Auf oder besser an den Draas wiederum können sich Wanderdünen befinden. Man kann sich das wie Schneeverwehungen an einer Bergflanke vorstellen. Nur diese kleinen Gebilde, vielleicht zwei, drei Meter hoch, wandern. Normalerweise liegen Draas und Wanderdünen jedoch in verschiedenen Gebieten.

Obwohl sie beinahe wie zementiert in der Landschaft stehen, sind Draas alles andere als fest, was ihre Struktur betrifft. Wie bei Wanderdünen gibt der Sand nach, wenn man eine Draa besteigen will. Was für Kolosse Draas sein können, spürt man erst, wenn man genau das tun will: sie hochstapfen. Warum sollte man das tun wollen? Weil ganz oben auf einer Düne zu stehen und auf ein Meer aus sanft geschwungenen Sandhügeln zu schauen einer der schönsten Anblicke ist, die man haben kann.

Eine Düne geht man in der Regel über den Grat an, da der Sand dort etwas fester ist als an den Flanken. Die windabgewandte Seite ist ohnehin viel zu steil, als dass man sich auf dem ständig nachgebenden Sand bis nach oben vorarbeiten könnte. Selbst der Aufstieg über den Grat ist unglaublich anstrengend. Man geht zwei Schritte vor, rutscht einen zurück und sinkt dabei bis zu den Knöcheln ein, sodass Sand in die Schuhe rieselt. Wenn man Pech hat, treibt einem der Wind den Sand, den man beim Hochsteigen aufwirbelt, auch noch in Augen, Mund und Nase. Eine geschlagene Stunde kann es dauern, bis man eine 200 Meter hohe Draa erklommen hat. Zum Vergleich: Beim Bergwandern schafft man in der Zeit 400 bis 500 Höhenmeter. Wenn man dann noch so wie ich ein Stativ und einen vollbepackten Kamerarucksack schleppt, vielleicht sogar eine der Kameras, die man griffbereit haben möchte, weit nach oben recken muss, damit sie nichts von dem Sand abbekommt, der über den Dünenkamm fegt, ist die Besteigung einer Düne maximal anstrengend.

Einmal oben angekommen, ist die Mühe jedoch schnell vergessen, vor allem bei Sonnenaufgang oder im späten Nachmittagslicht, wenn die Schattenbereiche ins Schwarz fallen und die sonnenbeschienenen Flanken in den herrlichsten Gelb- und Orangetönen leuchten. Hunderttausende Male fotografiert, aber immer wieder schön.

Die Hammada – die »Trostlose«

Wüsten haben allerdings auch ihre eintönigen Varianten. Das absolute Gegenstück zu den durchweg schönen Ergs sind Geröllwüsten, *Hammadas.* Wenn es eine Wüstenart gibt, die man ohne Bedenken als trostlos bezeichnen kann, dann ist es die Geröllwüste. »Hammada« bedeutet wörtlich »abgestorben, leblos, erstarrt«, und genauso sieht sie auch aus.

Im felsigen Untergrund versickert Wasser besonders schnell, weshalb es in einer Hammada noch weniger Pflanzen und Tiere gibt als in anderen Wüstentypen. Mit sehr viel Glück sieht man ein Wolfsmilch- oder Fuchsschwanzgewächs und entdeckt eine Wüstenrennmaus oder eine Agame – eine Echsenart. Vielleicht kreuzt sogar einmal eine Dorkasgazelle den Weg. Diese kleine Gazellenart, die in den Wüsten und Halbwüsten Nordafrikas heimisch ist, ist durch ihren braunen Rücken allerdings derart gut getarnt, dass es Adleraugen braucht, um sie überhaupt zu sehen. Die Steine sind oft mit dem dunklen, mitunter schwarzen und manchmal glänzenden »Wüstenlack« überzogen. Diese Patina entsteht durch Eisen- und Mangan-Ionen, die im Gesteinsinneren freigesetzt werden, vermutlich durch Mikroorganismen, und in wässrigen Lösungen an die Oberfläche gelangen, wo sie sich mit Tonmineralien verbinden und durch Verdunstung angereichert werden. In den *Tassilis,* den zerklüfteten Hochplateaus Südalgeriens, ist das Geröll zudem vulkanischen Ursprungs, also ebenfalls dunkel und zudem mit messerscharfen Kanten und Spitzen übersät.

Eine Hammada zu bereisen macht nicht wirklich Spaß. Abseits der Pisten ist mit dem Fahrzeug kein Durchkommen, da die

Reifen nach wenigen Metern ruiniert wären. Ohnehin würde man zwischen den handballgroßen Felsbrocken schnell festsitzen. Und beim Herumlaufen ist es ratsam, die Augen dauernd am Boden zu haben, um nicht zu stolpern und sich einen der spitzen Steine ins Schienbein zu rammen, wie es mir einmal passiert ist. Selbst Kamele tun sich in dieser Umgebung schwer.

Das übelste Stück Geröllwüste, das ich kenne, liegt auf dem Fadnoun-Plateau im Südosten Algeriens. Im Schritttempo hoppelten meine Freunde und ich über die von einer Straßenraupe mehr schlecht als recht gezogene einspurige Piste zwischen den scharfkantigen Steinen entlang. Kam uns jemand entgegen, was zum Glück nur wenige Male der Fall war, mussten erst unzählige Steine beiseitegeräumt werden, damit die beiden Fahrzeuge aneinander vorbeikamen. Drei Tage lang ging das so, dann endlich hatten wir die 400 Kilometer lange Strecke hinter uns.

Kies so weit das Auge reicht – der Reg

In einer Kieswüste sind, wie der Name schon sagt, die Steine weit kleiner als in einer Geröllwüste und selten scharfkantig. Außerdem sind sie recht gleichmäßig verteilt, als wäre ein Riese mit einem überdimensionalen Rechen zu Werke gegangen. Tatsächlich war aber Wasser der Landschaftsgestalter, denn Regs sind üblicherweise ehemalige Schwemmfächer. Kieswüsten sind nicht nur weit angenehmer zu bereisen als Hammadas – man braucht keiner Piste zu folgen, sondern kann, wenn man möchte, einfach querfeldein fahren –, sondern auch angenehmer fürs Auge, weil sie nicht so düster sind. Typische Kieswüsten sind die Tanezrouft in Algerien oder große Teile von Sturt's Stony Desert in Australien.

Die Tanezrouft, das »Land des Durstes«, im Süden Algeriens beginnt am Rand der Oase Reggane. Nur 65 Kilometer entfernt hatten die französischen Kolonialherren 1960 und 1961 vier oberirdische Atomwaffentests durchgeführt. Hauptsächlich diesem Umstand ist vermutlich das Warnschild mit dem Hinweis geschuldet, dass man darauf achten solle, nicht von der Piste abzukommen, denn vor allem der *point zéro,* das Zentrum der Detonationen, ist immer noch radioaktiv verseucht. Ein Stück hinter dem algerisch-malischen Grenzort Bordj Mokhtar endet die Tanezrouft. Dazwischen liegen gut 700 Kilometer. 700 Kilometer ohne Wasser, ohne eine Pflanze, ohne eine einzige Düne, nur Kiesel, Kiesel, Kiesel. Dennoch ist die Strecke viel befahren, da sie eine der beiden Nord-Süd-Hauptverbindungen ist. Durch die Beanspruchung durch schwere Lkws ist die trügerisch feste

Kruste auf der Piste an einigen Stellen »aufgebrochen« und gibt den *Fech Fech* frei, einen extrem feinen, fast mehligen Sand. Wenn man das Pech hat, eine solche Stelle zu erwischen, explodiert der »trockene Treibsand« in einer ungeheuren Staubwolke, setzt sich in jeder Ritze fest – ob im Auto oder am Menschen – und macht das Atmen unmöglich. Als wäre dem nicht genug, ist es äußerst mühsam, das Gefährt wieder freizuschaufeln, da es bis zu 40 Zentimeter tief in den Fech Fech einsinken kann. Es ist auf dieser Strecke völlig egal, wo man sein Nachtlager aufschlägt. Die Mühe, nach einem netten Plätzchen Ausschau zu halten, kann man sich sparen. Zündung aus, das Auto von der Piste rollen lassen – fertig. Ob man das an Ort und Stelle oder 20, 30, 40 Kilometer weiter entfernt macht, spielt keine Rolle. Es sieht überall gleich aus. Überall gleich eintönig.

Für manche mögen die Tanezrouft-Piste und generell die weiten Regs und Hammadas wegen ihrer Kargheit und Einförmigkeit abschreckend sein, ich empfinde sie gerade deswegen als extrem wohltuend. Sie verkörpern für mich in besonderem Maß die große Reduziertheit, das Gegenteil zur Reizüberflutung. Und sie schenken mir immer wieder faszinierende Momente. An klaren Wintertagen hat man das Gefühl, ins Unendliche zu blicken, weil, ähnlich wie auf dem Ozean, nur die Erdkrümmung die Sicht beschränkt. Auch wenn sich der Mond langsam messerscharf über dem Horizont erhebt und die Ebene in sein fahles Licht taucht, ist das ein atemberaubender Anblick.

Das sage ich als Mensch. Für mich als Fotografen ist die Tanezrouft hingegen reizlos im üblichen Sinn des Wortes: gut für maximal eine Aufnahme, bei der ich mich nur noch entscheiden muss, ob ich den Horizont genau in die Mitte des Bildes setze oder eher ein Stückchen nach unten oder weiter nach oben.

Die Gebirgswüste – Insel des Lebens

Gebirgswüsten sind – natürlich – bergig, wobei die Skala von sanften Hügeln bis zu schroffen Hochgebirgsketten reichen kann, und das nicht nur irgendwo im Himalaja oder in den Anden, sondern ebenso in der Sahara. Und ebendort, in der Sahara, unweit von Tamanrasset, der größten Oase im südlichen Algerien, liegt eine der bekanntesten und schönsten Gebirgswüsten überhaupt.

Das Hoggar-Gebirge – nach anderer Schreibweise Ahaggar – ist ein Highlight auf einer der beiden Hauptrouten durch die Sahara, der Hoggar-Route von Algier nach Agadez. Kaum ein Tourist, der keinen Abstecher dorthin macht. Vom 2700 Meter hohen Assekrem-Plateau, selbst wenig spektakulär, hat man einen unbeschreiblichen Blick auf eine grandiose Landschaft mit unzähligen zu bizarren Formen erstarrten Vulkanschloten, die bis zu mehrere Hundert Meter in die Höhe ragen. Drei Türme heben sich besonders prägnant hervor, nicht allein wegen ihrer Größe, sondern auch, weil sie aussehen wie Schwestern der berühmten Drei Zinnen in den Dolomiten. Als wäre dem noch nicht genug, vollführt die Sonne an manchen Tagen frühmorgens oder am späten Nachmittag dort oben ein derart farbenprächtiges Schauspiel, dass es einem regelrecht die Sprache verschlägt.

Auch Charles de Foucauld (1858–1916) tat sich schwer, die Schönheit dieser Landschaft in Worte zu fassen. In einem Brief an seine Cousine Marie de Bondy schrieb er: »Die Aussicht übertrifft in ihrer Schönheit alle Worte und Vorstellungen.

Nichts vermag den Zauber dieses Waldes von Felsspitzen und -nadeln, den man zu seinen Füßen hat, zu beschreiben.« Der französische Forscher, Offizier, Priester und Eremit widmete sein Leben ab 1904 dem Studium der Sprache der Tuareg, Tamascheq, und ihrer Kultur. Er verfasste ein Wörterbuch zu Tamascheq und sammelte Gedichte und Fabeln.[17] 1911 baute er sich eine Einsiedelei auf dem Assekrem-Plateau, deren halb verfallene Mauern noch zu sehen sind.

Gebirge sind auch in der Wüste »Regenfänger«, da die trotz des trockenen Klimas leicht feuchte Luft an den Berghängen aufsteigt, sich abkühlt, kondensiert und manchmal zu Niederschlägen führt. Noch wichtiger ist, dass sich der Regen nicht »verläuft«, sondern durch die Form der Landschaft quasi kanalisiert wird. So kann sich an einigen Stellen genug Wasser ansammeln, dass es nicht nur ein paar Pflanzen und Käfern, sondern auch Menschen und größeren Tieren ein Überleben ermöglicht, wie etwa den Krokodilen in der Guelta d'Archei im Ennedi-Massiv. Im Wasser tummeln sich Urtierchen, Schnecken, Muscheln, Krustentiere und auch Fische: In den Gueltas des Tibesti-Gebirges im Tschad wurden Muscheln gefunden, in den Seen von Band-e-Amir in Afghanistan leben Krabben, in den Seen der Badain Jaran – einem Teil der chinesischen Gobi – Krebse, die von den Einheimischen gefangen und bis nach Japan exportiert werden. Und wer nachts in der Nähe eines Wüstensees oder einer Guelta lagert, wird die Frösche und Kröten schwerlich überhören können. Auf den Seen von Ounianga Kebir mitten im Nirgendwo zwischen dem Tibesti- und dem Ennedi-Gebirge im Tschad schwimmen gar Haubentaucher.

Während Fischen, Muscheln, Fröschen und so weiter gar nichts anderes übrig bleibt, als in oder an einem See, einer Guelta oder

Gebirge sind in Wüsten die Oasen des Lebens, denn über ihnen regnen sich Wolken eher ab als über den weiten Wüstenflächen.

Quelle auszuharren, haben andere Tiere die Freiheit, die Wasserstellen nur bei Bedarf anzusteuern. So fliegt die Palmtaube bis zu 70 Kilometer täglich zum Trinken. Die relativ kleine, fast durchweg rotbraun gefärbte und nur etwa 100 Gramm schwere Taubenart ist in trockenen Gebieten von Afrika bis nach Südasien beheimatet. Sie ernährt sich vorwiegend von Körnern, Samen sowie kleinen Insekten und ist häufig auch in Oasen zu sehen.

Manche Flughuhnarten, beispielweise das im südlichen Afrika heimische Nama-Flughuhn, sind hingegen echte Wüstentiere. Die Nistplätze liegen oft weit von Wasserstellen entfernt, um den Druck durch Nahrungskonkurrenten und Nesträuber zu verringern. Da sich die Jungen aber von Samen ernähren, einer recht trockenen Angelegenheit, müssen sie mit Flüssigkeit versorgt werden. Dazu tankt das Männchen seine speziell dafür entwickelten eingekrümmten Brustfedern mit Wasser auf und fliegt zum gut getarnten Nest, wo der Nachwuchs das Wasser aus dem Gefieder saugt. Vögel können auf der Suche nach Wasser zwar rasch große Strecken zurücklegen, sind ansonsten jedoch im Allgemeinen vergleichsweise schlecht auf ein Leben in der Wüste eingestellt, weshalb man in reinen Wüstengebieten nur einige wenige, speziell angepasste Vogelarten findet.

Oasen – Vegetationsflecken in der Wüste

Oasen sind Enklaven in einem lebensfeindlichen Meer aus Sand und Gestein, Gebiete, in denen der sonst karge Wüstenboden fruchtbar und ausreichend Wasser vorhanden ist. Zusammen mit Licht und Wärme, die es in der Wüste zur Genüge gibt, sind das beste Voraussetzungen für den Anbau von Nutzpflanzen, und das wussten die Wüstenvölker schon früh geschickt zu nutzen. Die traditionelle Oasenwirtschaft arbeitet nämlich gewissermaßen auf drei Etagen: Im Erdgeschoss, also direkt am Boden, gedeihen Gemüse und Getreide; im Stockwerk darüber wachsen alle möglichen Obstsorten, unter anderem Bananen, Granatäpfel, Zitrusfrüchte, Birnen und Pfirsiche; das dritte Stockwerk besetzen in den Oasen von Mauretanien bis in den Nahen Osten die Dattelpalmen. Sie liefern nicht nur köstliche Früchte, die einst das wertvollste Lebensmittel, sozusagen das Brot der Oasenbewohner waren, sondern spenden darüber hinaus mit ihrem Blätterdach den Feldfrüchten auf den beiden unteren Etagen Schatten. In den mittel- und zentralasiatischen Oasen, wo aufgrund der niedrigen Temperaturen im Winter keine Dattelpalmen gedeihen, herrschen statt ihrer Pappeln vor.

In früheren Zeiten lebten die Oasenbewohner von den Erträgen ihrer Landwirtschaft, vom Handel mit den Nomaden – Obst, Gemüse und Getreide wechselten im Tausch gegen Kamele, Schafe und Ziegen als Milch- und Fleischlieferanten den Besitzer. Die Oasen waren Versorgungsstationen von Karawanen; heutzutage kommt vielerorts der Tourismus dazu. Das märchenhafte, fast mythische Bild, das in der westlichen Literatur

und in Spielfilmen von Oasen gezeichnet wird, hat jedoch wenig mit der Realität zu tun. Es entstand aufgrund von Berichten früher europäischer Entdeckungsreisender, auf deren mühevollen und entbehrungsreichen Expeditionen durch die Wüste die Oasen Erholung und Entspannung verhießen.

Ein gemeinsames Merkmal aller Oasen dieser Welt ist, dass es in ihnen Wasser gibt, ansonsten sind Oasen unglaublich unterschiedlich und vielfältig. Mal beziehen sie ihr Wasser aus einer Quelle, mal als Grundwasser aus der Tiefe, mal aus einem Flusslauf. Oasen können unbewohnt sein oder intensiv bewirtschaftet. Sie können aus einem kleinen, nur von einzelnen Palmen gesäumten Teich bestehen, ein kleiner Ort mit ein paar Lehmhäusern und wenigen Hundert Bewohnern sein, in dem fast ausschließlich Landwirtschaft betrieben wird, oder eine Stadt mit mehreren Zehntausend Einwohnern, in denen sich auch Industrieunternehmen finden. Quargla im nördlichen Algerien etwa hatte bei der letzten Volkszählung im Jahr 2008 knapp 133 000 Einwohner. Tamanrasset im Süden Algeriens beispielsweise zählt mit den umliegenden Ortschaften nach der letzten offiziellen Erhebung von 2008 über 92 000 Einwohner. Es dürften mittlerweile weit mehr sein, denn die Bevölkerung ist in den Jahren von 1998 bis 2008 im Schnitt um 2,5 Prozent pro Jahr gestiegen, und daran wird sich nichts geändert haben. Dunhuang an der Seidenstraße im Nordwesten Chinas hatte bei der letzten Erhebung (2013) sogar 140 000 Einwohner.

Manche fernab der »Zivilisation« gelegenen Oasen blicken auf eine große Vergangenheit zurück. Chinguetti in Mauretanien oder Kashgar an der Seidenstraße in der Volksrepublik China waren einst Zentren des Glaubens, der Wissenschaft, der Kunst oder Literatur.

Die Frauen eines Dorfes bei Timbuktu kämpfen in ihren bewässerten Gärten gegen Versalzung und Versandung.

Die Dattelpalme – Sinnbild der Sahara

Die Echte Dattelpalme ist neben dem Kaktus die bekannteste Pflanze der Wüste. Sie gilt als *die* Wüstenpflanze schlechthin für die Wüsten von Mauretanien bis in den Nahen Osten, ungeachtet der Tatsache, dass sie eine Kulturpflanze ist und wegen ihres hohen Wasserbedarfs fast nur in Oasen vorkommt. Meine ersten Dattelpalmen sah ich gleich bei meiner ersten Saharareise 1981 an der Straße der Kasbahs im Süden Marokkos, die von diesen majestätischen, bis zu 20 Meter hohen Bäumen gesäumt ist. Für mich ist seither das Auftauchen von Dattelpalmen trotz allem gleichbedeutend mit dem Beginn der Wüste. Die Dattelpalme ist relativ salztolerant, aber auf ausreichende Bewässerung beziehungsweise Grundwasser angewiesen. Diese Eigenschaften machen sie zur typischen Nutzpflanze in den Oasen der Sahara und bis über die Arabische Halbinsel hinaus. Ihre Früchte sind für die einheimische Bevölkerung ein Grundnahrungsmittel und haben als solches denselben Stellenwert wie die Kartoffel in Mitteleuropa. Die Bandbreite an Qualitäten ist recht groß und reicht von »Deglet Nour« (»Finger des Lichts«), die in den internationalen Handel gelangt, bis hin zu Sorten, die sich nur als Nahrung für Kamele und Esel eignen. Was man auf den Märkten in Timbuktu und anderen Orten an Datteln zum Kauf angeboten bekommt, ist meist voller Ungeziefer, trocken und so hart, dass man befürchten muss, sich die Zähne daran auszubeißen.

Ihr großer Durst – bis zu 200 Liter Wasser braucht eine einzige Dattelpalme pro Tag – macht sie anfällig für Wurzelfäule, auch »Bayoud-Krankheit« genannt. Werden junge Pflanzen nämlich zu stark bewässert, fördert das den Schimmelpilz Fusarium oxysporum. Und der ist seit Jahren massiv auf dem Vormarsch. Seinen Anfang nahm er in Marokko, mittlerweile hat er Algerien erreicht und auf seinem Weg bereits etliche Millionen (!) Dattelpalmen vernichtet. Nun bedroht er die Oasenstädte Ghardaia und Ouargla, Zentren der Dattelproduktion. Das Problem ist, dass man den Pilzbefall erst erkennt, wenn es bereits zu spät ist. Dann bleibt nur noch, die Palme zu fällen und zu verbrennen. Mit dramatischen Folgen, denn ohne Dattelpalme keine Oasenwirtschaft. Neue Sorten-Züchtungen sind weniger anfällig, und es bleibt zu hoffen, dass sie ein Verschwinden der uralten Oasenwirtschaft verhindern.

Datteln reifen nur auf weiblichen Bäumen. Es genügt aber der Blütenstaub einer einzigen männlichen Palme, um die Blüten von 50 weiblichen Palmen zu befruchten. Drei bis sieben Jahre nach dem Keimen trägt eine Dattelpalme erstmals Früchte. Sie kann bis zu 200 Jahre alt werden, am ergiebigsten ist sie jedoch zwischen dem vierzigsten und achtzigsten Lebensjahr. Dann können zwischen August und Dezember bis zu 150 Kilogramm Datteln pro Palme geerntet werden. Allerdings hat die Dattel infolge des wirtschaftlichen Wandels ihren einstigen Status als »Gold der Wüste« verloren.

Am Südrand der Sahara trifft man weit häufiger auf die Dum- oder Doumpalme. Sie verzweigt sich in mehrere Stämme, was bei Palmen selten ist. Ich finde die Dumpalme eher unansehnlich, aber ihr heute leider kaum noch gebräuchlicher Name gefällt mir: Pfefferkuchenbaum – nicht zu verwechseln mit Lebkuchenbaum. Diese alte Bezeichnung rührt daher, dass die dicke Haut ihrer fast apfelgroßen Früchte fast wie Pfefferkuchen aussieht und auch ähnlich schmeckt.

Sowohl die Dattel- wie auch die Dumpalme sind so etwas wie eine eierlegende Wollmilchsau. Alles kann verwendet werden:

das Holz als Bau- oder Brennmaterial, die Wedel zum Abdecken von Dächern, die Blattfasern zum Flechten von Matten, Körben oder Zäunen, die Früchte unter anderem zum Essen, zerstoßen und mit Wasser aufgegossen als Tee. Die beinahe weißen Kerne der Dumpalme werden zu Spielzeug und Schmuck verarbeitet, aus denjenigen der Dattelpalme wird Öl und Mehl gewonnen.

Königin der Wüsten – die Sahara

Bis zu 6 000 Kilometer erreicht die trapezförmige Sahara in ihrer West-Ost-Ausdehnung von der mauretanischen Atlantikküste bis zur Küste des Roten Meeres und zwischen 1 500 und 2 000 Kilometer zwischen dem Mittelmeer im Norden und der Sahelzone im Süden. Das macht alles in allem neun Millionen Quadratkilometer. Damit ist die mit Abstand größte Wüste der Erde 25-mal größer als Deutschland und fast so groß wie die Vereinigten Staaten von Amerika. Nur etwa fünf Million Menschen leben in diesem riesigen Gebiet, fast alle in den Städten.

Der Geograf und Afrikaforscher Heinrich Schiffers (1901–1982), Herausgeber und Mitautor des dreibändigen Standardwerks *Die Sahara und ihre Randgebiete* bezeichnete die Sahara als »Wüstenkontinent«. Und das hat durchaus seine Berechtigung, denn aufgrund ihrer enormen Dimensionen entsteht in der Sahara in der Tat ein »Kontinentaleffekt«, der die Trockenheit in ihrem östlichen Teil noch verstärkt. Nicht nur wegen ihrer Größe und des Kontinentaleffekts, sondern auch aufgrund ihrer Vielfalt an Landschaftsformen – Dünengebiete, weite Sandebenen ohne Dünen, Kies- und Geröllwüsten, Gebirge – kann die Sahara durchaus als Kontinent gesehen werden.

Bis Anfang der 1990er-Jahre hatte ich die Königin der Wüsten in etwa 40 Reisen erkundet und noch immer nicht genug von ihr. Dann kam der große Umbruch. Als sich Ende 1991 ein klarer Wahlsieg der Islamischen Heilsfront abzeichnete, ließ die algerische Regierung die Ergebnisse annullieren, und es kam zum Bürgerkrieg. Bereits 1990 hatte in Niger und Mali die Zweite

Tuareg-Rebellion begonnen. Der Konflikt hatte schon lange geschwelt. Genährt wurde er durch die Rivalität um die natürlichen Ressourcen und eine historisch bedingte Animosität: Die nomadischen Tuareg hielten früher Schwarzafrikaner als Sklaven und fühlen sich bis heute oft als etwas Besseres, was die »schwarzen« Regierungen von Mali, Niger oder Tschad als Rechtfertigung dafür sehen, die Nomaden zu unterdrücken und sich ansonsten keinen Deut um sie zu scheren. Vor allem in diesen Staaten haben die Nomaden vom Staat höchstens Schikanen, aber keine Hilfe zu erwarten. »Tuareg« bedeute, so wird es in der arabischen Volksetymologie kolportiert, »von Gott verlassen«, und das würde hier durchaus passen. Tatsächlich aber war mit »Tuareg« beziehungsweise der Einzahl *Targia* (= weiblich) und *Targi* (= männlich) ursprünglich »eine Person aus Targa« – Berber-Name für die Provinz Fezzan in Libyen – gemeint. Die Tuareg selbst nennen sich je nach Region Imuhar, Imajeren oder Imushar.

Verschiedene Gruppen des Berbervolks wehrten sich während der Rebellion in bewaffneten Aktionen gegen die Unterdrückung ihres Volkes und forderten wie schon bei der ersten Rebellion Anfang der 1960er-Jahre Autonomie ein. Das ist ihnen überhaupt nicht gut bekommen. Die Aufstände wurden vom nigrischen und vom malischen Militär brutal niedergeschlagen und endeten auch in diesen beiden Ländern in einem Bürgerkrieg.

Mit einem Schlag war damit ein Großteil der Sahara nicht mehr bereisbar, und auch die meisten Landwege in südlich angrenzende Staaten waren blockiert. Ich suchte mir daher andere Reiseziele, doch das war, als hätte ich als Bergsteiger mit dem Himalaja begonnen und mich nun den Alpen zugewendet. So

Bis heute transportieren Tuareg in Karawanen Salz durch die Ténéré in die Sahelzone, wo es als Viehsalz gebraucht wird.

schön die Alpen auch sind, mit der Grandiosität des Himalaja können sie nicht mithalten. Die Namib zum Beispiel ist zwar wunderschön, aber winzig, die Gobi ist in weiten Teilen eher eine Steppe als eine Wüste, die australischen Wüsten sind in meinen Augen keine echten Wüsten, die nordamerikanischen Wüsten sind komplett erschlossen und für mich deshalb eher reizlos.

Als sich die Lage in der Sahara wieder entspannte, war ich daher überglücklich, im Jahr 2003 in »meine« Wüste zurückkehren zu können. Leider war dieses Glück nicht von Dauer. Islamisten haben mittlerweile weite Wüstengebiete von Mauretanien im Westen bis über die Arabische Halbinsel im Osten hinaus und auch einen Großteil der südlich an die Sahara angrenzenden Sahelzone in einen rechtsfreien Raum verwandelt. Und seit die verschiedenen Dschihadisten-Gruppierungen wie al-Qaida im Islamischen Maghreb (AQIM), Bewegung für Einheit und Dschihad in Westafrika (Mujao) oder Ansar al-Din ihre Kräfte gebündelt haben, ist das Risiko, ihnen in die Hände zu fallen, noch gestiegen. Sie kennen natürlich die gängigen Touristenrouten, und jeder Europäer, dessen sie habhaft werden, ist für sie wie ein Sechser im Lotto, da sich mit einer solchen Geisel hohes Lösegeld erpressen lässt. Eine Reise in diese Region gleicht daher einer Partie Russisch Roulette. Das erinnert stark an das 19. Jahrhundert, als das Banditentum weit verbreitet war, kriegerische Stämme einander befehdeten und die Tuareg davon lebten, Karawanen zu überfallen. Die Afrikaforscher Heinrich Barth (1821–1865) und Gustav Nachtigal (1834–1885) durchquerten damals im Abstand von 20 Jahren die gesamte Sahara zu Fuß und mit Pferd, eine Leistung ohnegleichen, und hielten ihre Erlebnisse in heute noch lesenswerten Reiseberichten fest. Vermutlich wussten sie einfach nicht, worauf sie sich einließen, denn Nachrichten aus diesem Teil der Erde dürften äußerst selten bis nach Deutschland gelangt sein.

Touristen pflücken auf der Gräberpiste

2003 verschwanden innerhalb weniger Wochen fünf Reisegruppen mit insgesamt 32 Touristen – 16 Deutsche, je ein Niederländer und Schwede, vier Schweizer und zehn Österreicher – spurlos von der sogenannten Gräberpiste zwischen den Oasenstädten Bordj Omar Driss und Illizi in Algerien, als hätte die Wüste sie samt ihrer Autos oder Motorräder verschluckt. Wilde Spekulationen machten die Runde: dass die Amerikaner das GPS-System ausgeschaltet und sich die Reisenden aufgrund dessen verirrt hätten, dass ein Sandsturm sie »beerdigt« hätte oder dass sie von Kriminellen ausgeraubt und ermordet worden wären.

Meine Intuition bewahrte Elke Wallner und mich damals davor, ebenfalls als Geiseln zu enden. Auch wir wollten am 22. Februar, dem Tag, an dem die ersten drei Reisegruppen verschwanden, die Gräberpiste fahren, eine 460 Kilometer lange und vor allem bei Motorradfahrern beliebte Offroadstrecke quer durch die Sahara. In Hassi Bel Guebbour, einem winzigen Ort kurz vor der Gräberpiste mit nicht viel mehr als schwefelhaltigen Quellen, einer Tankstelle und einem Café, fragte ich den Tankwart, ob die Piste sicher sei, und er meinte, ja, ja, das sei sie. Ein unbestimmtes Gefühl brachte mich dazu, den Besitzer des Cafés, in dem wir noch schnell einen Tee tranken, ebenfalls nach der Sicherheitslage zu fragen, und der Mann antwortete mit einem entschiedenen Nein. Einerseits hat mich diese widersprüchliche Aussage irritiert, andererseits nährte sie meine Ahnung, dass irgendetwas faul war. Elke wollte die Strecke trotzdem nehmen, denn der Tankwart, so argumentierte sie, hätte nichts von einem Sicherheitsproblem gesagt und der Cafébesitzer sei alt und vielleicht schon etwas dement, und im Übrigen sei Algerien doch immer sicher gewesen. Es folgte eine längere, fast hitzige Diskussion, an deren Ende ich mich schließlich durchsetzte, indem ich auf meine längere Wüstenerfahrung pochte. Wir blieben also auf der Teerstraße, obwohl das einen großen Umweg und eine ermüdend langweilige Fahrt bedeutete. Aber es bewahrte uns davor, wie elf andere Reisende an jenem Tag wie reifes Obst von der Gräberpiste gepflückt zu werden.

Als ich schließlich vom Verschwinden der vielen Touristen erfuhr, war ich mir sehr schnell sicher, dass sie entführt worden waren, und auch, dass etwas an der Sache ganz und gar nicht koscher war. Denn der algerische Staat ist so restriktiv und derart gut organisiert, dass ich mir nicht vorstellen konnte, dass es fünf Entführungen innerhalb so kurzer Zeit geben konnte, ohne dass der Staat – ob nun in Gestalt des Militärs, des Geheimdienstes oder der Polizei – seine Finger im Spiel hatte. Und mein Verdacht hat sich schließlich bewahrheitet. Offensichtlich hatte der Geheimdienst bei den Entführungen mitgemischt, aus welchen Motiven auch immer. Im Mai konnten 17 der 32 Geiseln bei einer Militäraktion befreit werden. Eine Frau starb im Juli an den Strapazen. Die übrigen 14 wurden nach einer Lösegeldzahlung in Millionenhöhe Mitte August in Mali freigelassen.

Obwohl ich nur äußerst selten bestohlen wurde und noch seltener ernsthaft in Gefahr geraten war, führte die Entwicklung in der Sahara dazu, dass ich mein Reisegebiet erneut verlegen musste. Nun weitete ich es auf die Polarwüsten aus, ein für mich völlig unbekanntes Terrain. Ich weiß noch, wie ich das erste Mal nach Grönland reiste und die absolute Sicherheit dort genoss. Ich spürte wieder die Freiheit, wie ich sie früher auch in der Sahara empfunden hatte, konnte wieder im Freien schlafen, ohne Angst haben zu müssen, und begegnete nicht ständig und überall Militärs.

Die Ténéré – das »Land da draußen«

Ist die Sahara die Königin der Wüsten, dann ist die Ténéré ihr schönstes Kronjuwel. Die Ténéré liegt im Nordosten der Republik Niger zwischen dem Aïr-Gebirge im Westen und dem Djado-Plateau im Nordosten. Ténéré bedeutet in Tamascheq, der Sprache der Tuareg, einfach nur »Land da draußen«, was der Schönheit dieser Landschaft in keiner Weise gerecht wird. Die Ténéré, in ihrem Kernstück eine riesige flachwellige Sandebene, ist von einer unglaublichen Reinheit: Es gibt keine Pisten, keine Markierungen, nur ganz wenige Brunnen. Da nimmt es nicht wunder, dass die Ténéré auch als »Wüste der Wüsten« bezeichnet wird.

An ihren Rändern häufen sich weitere Schönheiten, die zeigen, wie unglaublich vielfältig Wüste sein kann. Wo die Ténéré an das Aïr-Gebirge stößt, liegt der fast kreisrunde Vulkankessel Arakao oder »Krabbenschere«. Wie gewaltige Krabbenzangen umfassen vulkanische Berge eine herrliche Dünenlandschaft, die sich durch eine Öffnung im Krater kilometerweit bis in die Ténéré hinein erstreckt. Nicht weit von Arakao entfernt bieten die Kogo-Berge bei Sonnenuntergang ein einmaliges Schauspiel, wenn das Abendlicht den kobalthaltigen Marmor blau schimmern lässt. Im Südosten der Ténéré erstreckt sich ein anderes außergewöhnlich schönes Dünenmeer: der Grand Erg de Bilma, auch »Große Sandwüste von Bilma« oder »Großer Erg von Bilma« genannt. Wenn man von der Oase Bilma nach Westen reist, kommt man in die vermutlich schönste Oase der Welt: Fachi. Bei der Anreise durch das Dünenmeer sieht man zunächst nur die hochgewachsenen Dattelpalmen, die den Ort umgeben.

Erst nach und nach erkennt man die Stadtmauer aus Salztonziegeln mit ihren fünf Toren, die zur Burg Dada und in verwinkelte Gassen führen, die sich zwischen ebenfalls aus Salztonziegeln errichteten Häuschen mit flachen Dächern und Innenhöfen hindurchschlängeln. Und um das Klischee der Wüste zu vervollkommnen: Bis heute ziehen malerische Salzkarawanen mit schwer beladenen Kamelen von den Oasen Bilma und Fachi nach Agadez.

Erstaunlicherweise gibt es trotz des Mangels an Nahrung und Wasser auch relativ große Säugetiere in der Wüste. Vor allem, aber nicht nur in den Rand- und den Gebirgsbereichen, die ausgedehnte, wenngleich spärlich bewachsene Weideflächen aufweisen, leben unterschiedlichste Huftiere. Gazellen sind mit zahlreichen Arten vertreten, aber auch bestimmte Antilopengattungen wie die Mendesantilope, auch Addaxantilope genannt. Die im Sommer fast weiße, im Winter eher braune Addaxantilope war einst in weiten Teilen der sandigen Sahara verbreitet, heute findet man sie nur noch in isolierten, weit voneinander entfernten Gebieten. Auf der Roten Liste gefährdeter Arten der Weltnaturschutzunion wird sie als »vom Aussterben bedroht« geführt. Die Addaxantilope ist das größte Säugetier – sie erreicht eine Schulterhöhe von bis zu 1,15 Meter –, das seinen Wasserbedarf einzig und allein aus Gräsern und Sträuchern decken könnte. Was aber nicht heißt, dass sie nicht jede Gelegenheit wahrnimmt, Wasser zu trinken. Außerdem hat ihr die Natur dasselbe geniale Kühlsystem wie allen Pferdeböcken verpasst, so auch dem Spieß- oder Gemsbock aus der Gattung der Oryxantilopen: Ein wabenartiges, stark durchblutetes Netz aus Blutgefäßen in der Nasenschleimhaut der sehr langen Nase kühlt durch die Verdunstung beim Atmen das durchströmende Blut, das seinerseits die Arterien kühlt, die zum Gehirn führen, und so die Temperatur im Gehirn um bis zu drei Grad kühler hält als die Körpertemperatur. Ein einziges Mal nur sah ich Addaxantilopen. Ausgerechnet auf dem Weg durch den staubtrockenen, praktisch pflanzenfreien Grand Erg de Bilma tauchten hinter einer Düne plötzlich vier dieser herrlichen Tiere auf – und waren wenige Sekunden darauf bereits wieder aus dem Blickfeld verschwunden.

Die Ténéré kann außerdem mit zwei Berühmtheiten aufwarten: dem *Arbre du Ténéré* und dem *Arbre Perdu.* Der *Arbre du Ténéré* war der berühmteste Wüstenbaum und – wie der *Spiegel* titulierte – der »einsamste Baum der Welt«.[18] Er stand als einziger Baum im Umkreis von 400 Kilometern mitten in der Ténéré. Als man 1939 einen Brunnen neben der jahrhundertealten Schirmakazie grub, um ihrem Geheimnis auf die Spur zu kommen, stellte man fest, dass ihre Wurzeln 35 Meter in die Tiefe reichten und dort auf Grundwasser stießen. 34 Jahre später, 1973, fand die Akazie ein gewaltsames Ende. Ob tatsächlich ein betrunkener

Dünen fotografiere ich immer in den Morgen- und Abendstunden – dann ist das Spiel aus Licht und Schatten am schönsten.

Lastwagenfahrer den Arbre du Ténéré rammte, wie es heißt, oder ein heftiger Sturm ihn umwarf, wird sich wohl nie klären lassen. Jedenfalls wurde das stark lädierte Nationalheiligtum nach Niamey, die Hauptstadt des Niger, gebracht. Dort kann man es bis heute, fast 40 Jahre nach dem Unglück, in einem Pavillon im Hof des Nationalmuseums bewundern. An seinem ursprünglichen Standort hat ein Ungetüm aus Metall seine Nachfolge als wichtige und einzige Landmarke weit und breit angetreten.

Der zweite berühmte »einsame« Baum, der *Arbre Perdu* (»der verlorene Baum«) ist ebenfalls eine Akazie. Obwohl der Schirm nur noch ein Schatten seiner selbst ist – nur ein paar vertrocknete Äste zeugen noch von der einst grünen Pracht – und der Stamm halb von Sand begraben, ist der Baum aufgrund seines erhöhten Standorts auf einer Düne noch prägnant genug, um als Landmarke zu dienen. Heutzutage ist die Akazie eher unter dem Namen *Arbre de Thierry Sabine* bekannt. Nachdem Thierry Sabine, der Gründer der Rallye Paris-Dakar, bei einem Hubschrauberabsturz in Mali ums Leben gekommen war, wurde seine Asche unter dem einsamen Arbre Perdu verstreut und eine Gedenktafel angebracht. Begleitet wurde das Spektakel von Freunden und Fernsehteams, die mit Flugzeugen und Helikoptern angereist waren. Der Optik wegen nahmen noch ein paar Tuareg an dem Begräbnis teil. Mir ist diese Verehrung unverständlich, denn Thierry Sabine hat mit der Rallye wie kaum ein anderer der Ténéré geschadet. Die Strecke ist gesäumt von Überresten liegen gebliebener Lkws, Autos und Motorräder, und zwischen Reibeschalen von Jungsteinzeitmenschen, die hier vor 5 000 Jahren lagerten, liegen Champagnerflaschen, Ölfilter, Coladosen und vieles mehr. Als die Rallye 2009 auf den südamerikanischen Kontinent verlagert wurde, wurde ihr Zerstörungswerk dort fortgesetzt.

Was Gummibären und Coca-Cola mit der Wüste zu tun haben

Die klassischen Wüstenpflanzen in der Sahara und in den Wüsten bis nach Pakistan sind die Schirmakazie und die Tamariske. Manchmal stehen sie in Reih und Glied und markieren so ein Wadi, ein Trockenflussbett, allerdings in so weitem Abstand voneinander, dass es nur aus der Luft zu erkennen ist. Dank ihrer bis zu 40 Meter langen Pfahlwurzel können sie aber auch noch tiefer liegendes Grundwasser anzapfen und sich so abgelegene Gunststandorte erobern. Erstaunlich häufig steht eine Akazie oder eine Tamariske daher allein auf weiter Flur, so wie einst der Arbre du Ténéré und heute noch der Arbre Perdu, und ist damit ein willkommener Schattenspender für Mensch und Tier.

Akazien spenden nicht nur Schatten, sondern auch den Klebstoff Gummiarabikum, allen voran die Senegal-Akazie, die daher auch treffend Gummiarabikumbaum heißt. Vorbeiziehende Nomaden ritzen die Rinde der Bäume an, damit das süßliche Baumharz austritt, und wenn sie das nächste Mal vorbeikommen, sammeln sie das Harz ein. Einen Teil verwenden sie zum Süßen ihrer Speisen und Getränke, das meiste aber wird verkauft, denn Gummiarabikum ist ein wertvolles Handelsgut. Bei der Herstellung von Aquarell-, Gouache- und Temperafarben bindet es die Farbpigmente. In der Medizin findet es unter anderem Verwendung in gummiartigen Husten- oder Salbeipastillen und als Überzug von Dragees. In der Lebensmittelindustrie dient Gummiarabikum unter der Bezeichnung E414 als Verdickungsmittel und Stabilisator, vor allem in Fett-Wasser-Gemischen. Es steckt unter anderem in Gummibären, Sahnesteif und

Tortenguss. Bei Bier, das nicht nach dem Reinheitsgebot gebraut wurde, sorgt es dafür, dass die Schaumkrone nicht so schnell zusammenfällt. Selbst vielen Weinen, auch Bioweinen, wird Gummiarabikum beigemischt, denn es macht sie geschmeidiger und runder, die Tannine weicher, nimmt ihnen aber auch die Chance, sich über die Jahre zu entwickeln.

Während das Naturharz für Biere und Weine kein Muss ist, ist es für ein anderes Getränk unverzichtbar: Coca-Cola. Ohne Gummiarabikum würde sich der schwarze Farbstoff (sehr dunkles Karamell) an Flaschenwand und -boden absetzen, und die beigemischten Aromaöle würden sich vom Wasser trennen und obenauf schwimmen. Im Ergebnis sähe der beliebteste Softdrink der Welt nicht mehr sehr appetitlich aus. Als die USA im Jahr 1997 ein Handelsembargo gegen den Sudan verhängten, den Hauptlieferanten des Gummiarabikums, weil die Regierung in Khartum den islamistischen Terror unterstützte und Osama bin Laden Unterschlupf gewährte, ging der Handel mit dem Harz daher klammheimlich munter weiter, denn auf ihr Nationalgetränk wollten die Amerikaner auf keinen Fall verzichten.[19]

Wüstenbäume – Symbole des Lebens

Oft entdeckt man am fernen Horizont zuerst nur einen Punkt und weiß zunächst nicht: Ist es ein Auto, ein Fels? Oder vielleicht eine Akazie? Wenn sich schließlich immer deutlicher eine Baumkrone abzeichnet, wird man fast magisch von ihr angezogen. Das geht nicht nur mir so, sondern auch anderen Reisenden, egal ob Touristen, Lkw-Fahrern oder Karawaniers. Der »Sonnenschirm« lädt förmlich dazu ein, eine Rast in seinem Schatten einzulegen. Doch das ist es nicht allein: Wie mit allem im Leben wird, was rar ist, als umso wertvoller wahrgenommen, und Bäume sind in der Wüste nun einmal extrem selten. In der kargen, lebensfeindlichen Umgebung ist ein Baum auch weit mehr als bei uns ein Symbol des Lebens. Und er ist eine Insel des Lebens, eine Art kleiner Kosmos.

Des Öfteren habe ich, wenn hinter einem Dünenkamm unvermittelt eine Akazie auftauchte, eine Springmaus, eine Gazelle oder ein anderes Tier davonstieben sehen, das Schutz vor der brennenden Sonne gesucht hatte. Ihre Hinterlassenschaften, auch die von Kamelen einer Karawane, die hier rastete, ziehen schwarz schimmernde Mistkäfer an. Am bekanntesten ist der Pillendreher, der in zwölf Stunden so viel fressen und verdauen kann, wie er selbst wiegt. Auch Prachtkäfer mit ihrem metallisch glänzenden Panzer findet man in Akazien häufig. Am häufigsten sind in Wüsten jedoch die Schwarzkäfer vertreten. Die Schwarzfärbung fast aller Wüstenkäfer dient dem besseren Schutz vor UV-Strahlung. Sie haben sich in 340 Arten differenziert an die äußerst karge Umgebung angepasst. Zum Beispiel ernähren

Diesen winzigen Baum fand ich in der Ténéré im Süden der Sahara.

sie sich in Halbwüsten von Pflanzenwurzeln, in Wüsten von angewehten Pflanzenteilen.

Wo Käfer sind, finden sich Schlangen und Skorpione ein. Und die ziehen wiederum andere Beutegreifer an, zum Beispiel den Fennek. Der Wüstenfuchs ist der kleinste unter den Wildhunden und gilt als Prototyp evolutionärer Anpassung an heißtrockene Klimabedingungen. Die Tageshitze meidet er in seinem Bau, den er in stabilem Dünensand anlegt. Obwohl er nachts und in der Dämmerung aktiv ist, ist sein Körperbau perfekt auf Wärmeregulierung ausgerichtet. In seinen auffallend großen Ohren und den behaarten Fußsohlen erweitern sich bei starker Hitze die Blutgefäße und erzeugen so einen Kühleffekt. Der Wüstenfuchs ist ein Allesfresser, er vertilgt Kleinsäuger, Reptilien, Insekten, Früchte und Knollen. Im Sand verborgene Beute ortet er mit seinem feinen Gehör. Feuchtigkeit gewinnt er unmittelbar aus der Nahrung, er ist also nicht auf direkte Wasseraufnahme angewiesen. Gewisse Gemeinsamkeiten mit dem Fennek – einen ähnlichen Körperbau, hohe Beine und ein vergleichbares Nahrungsspektrum – zeigen die amerikanischen Kojoten, die südafrikanischen Schakale und die Andenschakale sowie die namibischen Löffelhunde. Sie alle sind ideal für ein Leben in den Wüsten gerüstet.

Ein einziges Mal nur sah ich Wüstenfüchse. Sie tauchten unversehens aus ihrem Bau auf – und waren nach ein paar Sekunden wieder darin verschwunden. Das muss man sich mal klarmachen: Seit 40 Jahren reise ich durch die Sahara und begegnete ihrem bekanntesten Raubtier nur ein einziges Mal! Zumindest nur einmal in Freiheit. Gefangene Fenneks sah ich leider öfter. Nomadenkinder fangen gern Welpen ein, legen ihnen ein Halsband um und bieten sie zum Kauf an. Vielleicht hätte ich öfter einen Wüstenfuchs gesehen, wenn ich die Ausdauer eines Tierfotografen hätte. Doch ich bin ein viel zu ungeduldiger Mensch, um mich stunden- oder gar tagelang auf die Lauer zu legen – in der Hoffnung, ein Tier vor die Kamera zu bekommen und dann auch noch ein gutes Foto schießen zu können.

Ein Baum mitten im »Nichts« vermittelt zudem ein gewisses Gefühl der Geborgenheit. Ich lagere gern im Schutz einer Schirmakazie oder einer Tamariske. Wenn ich dann noch einen abgebrochenen Ast finde, ist mein Glück perfekt, denn das Holz brennt schnell und ausdauernd. Wenn ich die Wahl habe, entscheide ich mich für die Tamariske, denn sie hat im Unterschied zur Akazie keine Dornen, die derart hart und spitz sind, dass sie sich mühelos durch einen Schlafsack und sogar durch Auto- oder Motorradreifen bohren. Dank dieser Dornen verhaken sich abgestorbene Äste, die der Wind vor sich hertreibt, manchmal zu riesigen Nestern, die dann durch die Wüste kugeln – John Wayne und Clint Eastwood lassen grüßen.

Symbolhaften Charakter als eine Insel des Lebens hatte für mich über Jahre auch der Baum in Solitaire. Als ich 1991 das erste Mal in den winzigen Ort, im Grunde nur eine Farm, in Namibia kam, gab es dort nur einen Krämerladen mit einem uralten Farmtelefon, das noch mit einer Kurbel bedient wurde, eine Zapfsäule und ebendiesen einen Baum. Mit dem Aufkommen des Tourismus in Namibia ist Solitaire aufgrund der Nähe zu den gigantischen Dünen von Sossusvlei und das Deadvlei regelrecht explodiert. Mittlerweile gibt es eine richtige Tankstelle, und zu dem Krämerladen kamen eine Bäckerei mit Café, eine Lodge samt Restaurant und Swimmingpool sowie ein Campingplatz hinzu. Und der Baum hat Gesellschaft von einigen Büschen und Sträuchern bekommen.

Quasi die Gegenstücke zu den Symbolen des Lebens stehen im Deadvlei, einem der fotogensten Punkte Afrikas: vor Jahrhunderten abgestorbene, durch die Trockenheit konservierte Kameldornbäume. »Vlei« ist Afrikaans – eine der Hauptsprachen in Namibia und Südafrika, die sich aus dem Holländischen entwickelte – für »Pfanne« oder »Senke«. Das Deadvlei, also die »Tote Pfanne«, liegt südlich des Sossusvlei. »Sossus« heißt in der Sprache der Nama, einem in Südafrika und Namibia heimischen Volksstamm, »blinder Fluss«. Das Sossusvlei hat seinen Namen daher, dass der Tsauchab-Fluss, der nach ergiebigen Regenfällen in den Naukluft-Bergen dieses Vlei erreicht, hier versandet. Bis vor 600 bis 800 Jahren gelangte das Wasser noch bis in das Deadvlei und ließ dort Pflanzen sprießen, doch dann sank der Grundwasserspiegel. Seither recken die Kameldornbäume dort ihre verdorrten Äste in den Himmel.

Wegen alledem sind Bäume ein Symbol der Wüste – so widersprüchlich das klingen mag.

Orientierung auf Nomadenart

Ein Baum, der allein auf weiter Flur steht, ist nicht nur ein Symbol und eine Insel des Lebens, sondern vor allem auch eine wichtige Landmarke und Orientierungshilfe, so wie der Arbre du Ténéré, ob früher das Original oder heutzutage das gewöhnungsbedürftige Kunstobjekt, und der Arbre Perdu. Dasselbe gilt für Berge. Will man zum Beispiel zur Oase Séguédine – und die sollte man tunlichst erreichen, wenn man in diesem Teil der Ténéré unterwegs ist, weil sie weit und breit die einzige Ansiedlung ist – und hat kein GPS, kann man sich am kilometerweit sichtbaren Vulkankegel Pic Zoumri orientieren, an dessen östlichen Ausläufern die Oase liegt. Séguédine selbst sieht man nämlich erst, wenn man praktisch schon mit einem Bein drinsteht, da es in einer Senke liegt.

1986 fuhr ich mit meiner damaligen Freundin Steffi ohne festen Plan, ohne Karten und damals natürlich auch noch ohne GPS von der algerisch-tunesischen Grenze aus querfeldein durch die Sahara nach Süden. Irgendwann musste, sofern wir uns nicht völlig verfahren hatten, der Garet el Djenoun – der Berg der Geister – zu sehen sein, mit 2330 Metern der höchste Gipfel des Teffedest-Gebirges im Süden Algeriens, von dem ich schon einmal ein Bild gesehen hatte. Nach zwei Tagen endlich tauchte er in der Ferne auf und war für die nächsten 200 Kilometer unsere »Zielmarke«.

Die Wüstenbewohner nutzen solche im wahrsten Sinn des Wortes »offensichtlichen« Wegweiser natürlich ebenfalls. Darüber hinaus können sie sich aber auch auf ihren über Generationen hinweg entwickelten hervorragenden Orientierungssinn verlassen, mit dessen Hilfe sie sich in Gebieten zurechtfinden, in denen wir hoffnungslos verloren wären.

Des Öfteren reiste ich mit einheimischen Führern, nicht nur wegen ihrer Ortskenntnisse, sondern auch, um einen Übersetzer und einen kulturellen Brückenschläger an der Seite zu haben. Obwohl ich seit Jahrzehnten in den Wüsten dieser Welt unterwegs bin, wäre es naiv anzunehmen, dass ich die Sprachen der Wüste spreche. Ich hätte ein Sprachgenie sein müssen, um in dieser Zeit Arabisch, Afar, Mongolisch, Usbekisch, Chinesisch, Quechua, Aymara und etliche andere Sprachen zu lernen. Bin ich aber nicht. Am ehesten klappt die Verständigung in ehemaligen Kolonialstaaten. Da in vielen Ländern viele verschiedene Sprachen gesprochen werden, ist die Sprache der einstigen Kolonialherren oftmals die *Lingua franca:* die einzige Sprache, in der sich auch die Einheimischen untereinander verständigen können. Allein in Äthiopien kann man 80 Sprachen hören. In Niger gibt es zehn anerkannte und etliche weitere »Nationalsprachen«, doch alleinige Amtssprache ist Französisch, die sowohl die Hausa und die Tuareg als auch die Fulbe, die Zarma oder die Tubu sprechen – zumindest ein wenig.

Viele Reisen durch die Ténéré unternahm ich in Begleitung von Mohamed und war jedes Mal schwer beeindruckt, wie zielsicher er aus Hunderten Kilometer Entfernung einen bestimmten Punkt ansteuerte, obwohl es auf dem ganzen Weg dahin – zumindest in meinen Augen – keine Anhaltspunkte gab. Mein Vertrauen in Mohameds Orientierungssinn und seine Kenntnisse steigerte sich zu grenzenloser Bewunderung bei einer Durchquerung des schier endlosen Grand Erg de Bilma, die schon bei gutem Wetter eine Herausforderung ist. Wir gerieten damals zu allem Überfluss in einen Sandsturm, der zwar nicht besonders heftig war, dafür aber große Ausdauer zeigte. Mehrere Tage lang war die Sicht auf wenige Meter beschränkt, und ich klebte mit der Nase fast an der Windschutzscheibe, in der Hoffnung, irgendetwas erkennen zu können. Mohamed saß währenddessen völlig entspannt auf dem Beifahrersitz und wies mir mit ruhigen Handbewegungen den Weg. Woran, zum Teufel, so fragte ich mich immer wieder, orientierte sich der Kerl?

Erst nach vielen Jahren verriet mir Mohamed, dass sich Karawaniers, Nomaden und Guides wie er unter anderem an der Ausrichtung von Dünen oder Sandrippeln orientierten, die wegen des allgegenwärtigen Nordostpassats genau von Nordost nach Südwest verlaufen. Dünen gibt es zwar nicht überall, aber Sandrippel sehr oft. Außerdem achteten sie auf Spuren früherer Karawanen. Das konnte der Rest eines Stricks sein, ein Stück Salz, ein Teil von einem Sattel und dergleichen. Des Nachts wiesen ihnen die Sterne die Richtung. Von klein auf, erzählte Mohamed, würden die Kinder dieses Wissen durch praktische Erfahrung erwerben. Das alles erklärte allerdings nicht, wie Mohamed im Sandsturm den Weg zur Oase von Bilma fand. Er muss auch einen sechsten Sinn gehabt haben.

Wo geht's hier raus?

Mit dem Orientierungssinn der Wüstenbewohner kann ich nicht annähernd mithalten. Das wurde mir – unter anderem – in der Chihuahuawüste in den USA vor Augen geführt.

Die ungewöhnlichste Landschaft dieser Wüste findet sich im Tularosa-Becken im Bundesstaat New Mexico: das Naturschutzgebiet White Sands mit seinen schneeweißen Dünen. Der Sand der Dünen besteht nicht wie sonst aus Quarz, sondern aus Gips. Zwar kommt das Mineral Gips in jeder Wüste vor, doch nirgendwo sonst auf der Erde existiert ein so ausgeprägtes Gipsdünenfeld. Der Gips bildete einst den Grund eines flachen Meeres, das die Region vor 250 Millionen Jahren bedeckte. Als das Wasser nach dem Ende der letzten Eiszeit verdunstete, bildete der Gips Kristalle, die allmählich zu Staub zerbrachen. Der Wind tat dann ein Übriges und häufte den weißen Staub zu Dünen auf.

An das Leben in den Gipsdünen haben sich über 60 Pflanzenarten angepasst, darunter die Seifen-Palmlilie, auch Seifenbaum-Yucca genannt. Sie verlängert ihren Stamm und wächst erstaunliche 30 Zentimeter pro Jahr, damit sich ihre Blätter stets über dem Gips der wachsenden Dünen befinden. Andere Pflanzen verdichten mit ihren Wurzeln den Sand zu einer Art Sockel, auf dem sie wachsen können, während die Düne weiterwandert. Sogar einige Tierarten schaffen es, in dieser gleißend hellen Gipswelt zu überleben; überraschenderweise nicht nur Eidechsen, Mäuse, Insekten und anderes Kleingetier, sondern auch Füchse und Kojoten.

Im Jahr 2003 fuhr ich mit Elke Wallner in diese einzigartige weiße Welt. Und obwohl in den USA ja alles hübsch geregelt und gut organisiert ist – am Eingang zum White Sands National Monument gibt es ein Besucherzentrum, ein Museum, einen Buch- und einen Souvenirladen, im Naturschutzgebiet selbst ausgewiesene Pfade, Picknickplätze und Toiletten – und trotz meiner langjährigen Erfahrung in schier endlos weiten Wüsten schafften wir es, uns in dem vergleichsweise überschaubaren, »nur« 300 Quadratkilometer großen Terrain zu verlaufen. Wir waren beide so fasziniert von dem weißen Sand, der Reinheit der Dünen und dem Kontrast zu den wenigen Pflanzen, dass wir nicht darauf achteten, wohin wir liefen. Als das Licht immer schöner wurde, hätte zumindest mir als Fotografen dämmern sollen, dass es dämmerte, doch wie gebannt liefen wir immer weiter und verloren komplett die Orientierung. Es war so peinlich, dass das ausgerechnet mir passierte. Und so lächerlich, weil es nicht in den Weiten der Sahara oder der Gobi passierte, sondern in einem kleinen »Wüstenpark«.

Bald war es stockdunkel, sodass wir weder Fußspuren sahen noch irgendwelche prägnanten Landmarken oder Pflanzen erkennen konnten. Was uns aber ohnehin nichts genützt hätte, weil wir vor lauter Begeisterung überhaupt nicht auf Referenzpunkte geachtet hatten. Und wir froren erbärmlich, denn mit der Sonne, die den Wintertag auf angenehme Temperaturen aufgeheizt hatte, war auch die Wärme verschwunden. Ein Ranger-Auto rettete uns schließlich aus der misslichen Lage. Auf einmal sahen wir in der Ferne ein blaues Licht über die weißen Dünen huschen, und fast im selben Moment hörten wir eine Sirene. Wir hatten die »Besuchszeit« längst überschritten, denn Besucher müssen den Park spätestens eine Stunde nach Sonnenuntergang verlassen. Den Rangern war unser einsames Auto auf dem Parkplatz aufgefallen, und so hatten sie das Blaulicht und die Sirene eingeschaltet, um uns den Weg zu weisen.

So unangenehm mir das Ganze war, so sehr hätte ich mir bei einer anderen »Verirrung« eine solche Dienstleistung gewünscht. Elke und ich waren damals 1 000 Kilometer querfeldein durch Südalgerien gefahren, weit abseits aller Pisten. Als einzige Sicherheit hatten wir neben genügend Wasser und Sprit ein Satellitentelefon dabei. Als wir im Tassili du Hoggar wandern wollten, stellte ich das Auto hinter einem der riesigen Pilzfelsen ab, der es zur Gänze verdeckte, und deponierte das Satellitentelefon weit oben auf dem Felsen, wo meine Hände gerade noch hinreichten. Satellitentelefone steckten damals noch in einem Koffer, der mitsamt dem nötigen Zubehör um die zehn Kilogramm wog, und ich hatte keine Lust, neben meiner Fotoausrüstung auch noch dieses unhandliche Ding mitzuschleppen. Zwar hatten wir seit vier Tagen kein anderes Auto, keinen Menschen gesehen, doch ich wusste, dass die Gegend bei Schmugglern beliebt war. Falls das Auto entdeckt und gestohlen werden sollte, so meine Überlegung, hätten wir wenigstens noch das Satellitentelefon und könnten Hilfe herbeirufen, denn sicher käme kein Dieb auf die Idee, den Felsen nach Wertsachen abzusuchen.

Wir zogen los, fotografierten und filmten viel zu lange, denn natürlich wollten wir noch den Sonnenuntergang »mitnehmen«. Als wir uns schließlich auf den Rückweg machten, sahen alle Pilzfelsen gleich aus. Und da sie recht hoch waren, versperrten sie den Blick auf sonstige Landmarken. Es war, als stünden wir in einem Wald voll gleicher Bäume. Jetzt erwies es sich als keine so brillante Idee, dass wir das Auto vor Blicken geschützt hatten. Die Nacht brach herein, und wir irrten immer noch auf der Suche nach unserer »Lebensversicherung« umher. Hier gab es keine Ranger, die nach uns gesucht, kein Blaulicht, keine Sirene, die uns den Weg gewiesen hätten. Da kann auf einmal aus so etwas Profanem wie Fotografieren oder Filmen in der Wüste zwar keine unmittelbare Gefahr, aber doch eine höchst beunruhigende Situation erwachsen. Eine Nacht hätten wir trotz der

Unterwegs im Tschad: Auch in Zeiten von Satellitennavigation nutze ich Landkarten, um mich in der Wüste zu orientieren.

frischen Temperaturen im Wüstenwinter und obwohl wir die Jacken im Auto gelassen hatten überstanden. Doch wer garantierte, dass wir das Auto am nächsten Tag finden würden?

Auf einmal entdeckte ich einen markanten Felsen und wusste: Jetzt sind wir auf dem richtigen Weg. Schlagartig fiel die Anspannung ab, und kurz darauf standen wir tatsächlich vor unserem Auto.

Von allem etwas – die Atacama

Die Atacama-Wüste beginnt im Süden Perus, etwa 400 Kilometer südlich des Äquators, und erstreckt sich über 1 200 Kilometer bis weit nach Chile hinein. Ich war immer nur in den Monaten Mai bis September dort, das heißt auf der Südhalbkugel: im Winter, weshalb ich die Atacama immer als zweigeteilt empfand. Sobald ich mich nämlich zu sehr der Küste näherte, stand ich in Peru im *Garúa,* in Chile im *Camanchaca.* Dieser Nebel ist ein Kind des kalten Humboldtstroms und der daraus resultierenden Inversionswetterlage. Von Mai bis November hüllt er die Küstenzone in ein fahles Licht und begrenzt die Sicht auf 200 bis 300 Meter. Es ist, als ob der liebe Gott das Licht ausgeschaltet hätte. Alles wirkt irgendwie trostlos, und es ist ungemütlich kalt.

Das Gefühl aber, wenn man dann auf einer Höhe von mal 700, mal 1 000 Metern über dem Meeresspiegel innerhalb weniger Sekunden die Nebeldecke durchbricht, ist unbeschreiblich, befreiend, geradezu erhebend. Plötzlich ist alles wieder da: Sonne, Licht, Wärme, Farben, Klarheit, und auf einmal ist die gerade noch so öde Atacama eine strahlende Wüste. Das Bild, das sich dem Betrachter nun bietet, ist unvergleichlich. Über ihm wölbt sich ein klarer tiefblauer Himmel, vor ihm erstreckt sich die beige Geröllwüste. Auf der einen Seite erhebt sich die Andenkette mit ihren bis weit über 6 000 Meter hohen, von Schnee und Gletschern gekrönten Bergen, und auf der anderen schaut man auf die weiße Nebeldecke hinab.

Dieses ungeheuer schöne Bild wird leider vielerorts durch die immens starke wirtschaftliche Nutzung der Atacama getrübt. In weiten Regionen reiht sich Mine an Mine, zerschneiden Zufahrtsstraßen die Wüste und spannen sich Stromleitungen kreuz und quer durch die Landschaft, da die Minen ja auch mit Energie versorgt sein wollen.

Sanddünen sind zwar eher die Ausnahme in der Atacama, aber es gibt welche, zum Beispiel nördlich von Copiapó und östlich von Iquique in Chile. Und wer einen Salzsee sehen möchte, wird in der Atacama ebenfalls fündig. Südlich des bekannten Ortes San Pedro de Atacama liegt der Salar de Atacama, mit gut 3 000 Quadratkilometern der größte seiner Art in Chile. Der östliche Teil gehört zum Nationalreservat Los Flamencos. Dieses Naturschutzgebiet ist, wie der Name schon vermuten lässt, Heimat von unzähligen dieser langbeinigen Vögel. Alle drei in Chile vorkommenden Arten, der seltene Andenflamingo, der Chile- und der Jamesflamingo, finden sich dort ein. Eines der Feuchtgebiete im Salar de Atacama ist sogar das Hauptbrutgebiet des Andenflamingos. Generell kann man an den Salzseen in der Atacama – und auch im angrenzenden Hochland, dem Altiplano – Scharen dieser schönen Vögel bestaunen.

Schöner ist Salz nirgendwo – der Salar de Uyuni

Der schönste Salar liegt allerdings außerhalb der Atacama, aber noch auf der »südamerikanischen Trockendiagonalen«. Die südamerikanische Trockendiagonale erstreckt sich über mehr als 5 000 Kilometer. Sie beginnt im Norden Perus an der Küste, springt – etwa in Höhe des südlichen Wendekreises – über die Anden ins bolivianische Hochland, das sogenannte Altiplano, und verläuft dann auf der Ostseite der Berge Richtung Süden bis an die Küstenwüste Patagoniens. Obwohl die Trockendiagonale ein durchgehendes Wüstenband ist, ist ihre Entstehung auf unterschiedliche klimatische Ursachen zurückzuführen und ihre Landschaftsvielfalt daher enorm. Da gibt es zum einen das schmale, im Schnitt nur 160 Kilometer breite Band der Atacama, das wie eingezwängt zwischen der Pazifikküste und den Gletschern der Anden liegt. Und zum anderen befindet sich dort ein Trockengebiet, das sich vom Altiplano diagonal über die Anden bis weit über die Südspitze der Atacama hinauszieht.

In der Provinz Sur Lípez, im Südwesten Boliviens, zeigt sich die Trockendiagonale von ihrer vermutlich schönsten Seite. Die Region ist geprägt von der größten Salzpfanne der Erde, dem Salar de Uyuni. Mit einer Fläche von fast 11 000 Quadratkilometern ist das Becken viermal so groß wie das Saarland oder Luxemburg. Entstanden ist dieses Naturwunder vor 10 000 Jahren, als ein prähistorischer See austrocknete. Rund zehn Milliarden Tonnen Salz lagern hier, von denen pro Jahr 25 000 Tonnen abgebaut werden.

Dünne Linien aus Salzrückständen überziehen die dicke schneeweiße Salzkruste des Salars mit einem vieleckigen Muster, sogenannten Polygonen. Geht oder fährt man ein Stück auf die Fläche hinaus, fühlt man sich wie auf einem anderen Planeten. Keine Wolke, kein Stein, nichts stört die Symphonie aus weißem Salz und stahlblauem Himmel. Außer man will es. Dann genügt eine kleine Drehung, und am fernen Horizont erheben sich die schneebedeckten Vulkane der Andenkette. Wenn zur Regenzeit die nahe gelegenen Seen über ihre Ufer treten und die Salzpfanne mit einer dünnen Wasserschicht überziehen, wird sie zu einem gigantischen Spiegel, der mit dem tiefen Blau des Himmels zu einer Einheit verschmilzt – ein grandioser, atemberaubender Anblick.

Arbeiter gewinnen Salz auf dem Salar de Uyuni in Bolivien. Seine Lithium-Vorkommen sind für die zukünftige Elektromobilität von großer Bedeutung.

Weiter im Süden Boliviens, fast an der Grenze zu Chile, finden sich etliche Lagunen. Die türkisgrüne Laguna Verde erhält ihre markante Färbung durch den hohen Anteil an Magnesium, Kalziumkarbonat, Blei und Arsen. Die in unterschiedlichen Rottönen gefärbte Laguna Colorada verdankt ihr auffälliges Farbkleid roten Algen und einem hohen Gehalt an Mineralstoffen, vor allem Kupfer.

Südwestlich der Laguna Colorada liegt auf einer Höhe von 4850 Meter über dem Meeresspiegel ein weiteres Highlight des Altiplano: das Geothermalgebiet Sol de Mañana (Morgensonne). Auf zwei Quadratkilometern drängen sich hier unzählige Geysire und mit kochendem Schlamm gefüllte Krater mit einem Durchmesser von bis zu vier Metern sowie Fumarolen, Stellen in vulkanisch aktiven Gebieten, an denen Wasserdampf und vulkanische Gase austreten. Bei meiner Reise in dieses Gebiet war mein Freund Thilo mit von der Partie, und da der Name Morgensonne verspricht, dass das Gebiet im ersten Tageslicht einen ganz besonderen Zauber besitzt, waren wir noch vor Sonnenaufgang auf den Beinen. Es hatte minus 16 Grad, und die Ränder der Geysire, Schlammlöcher und Fumarolen waren von Eis überzogen, da der austretende Dampf in der Kälte sofort erstarrte. Wir mussten höllisch aufpassen, nicht auszurutschen, denn ein Sturz in einen der Hexenkessel wäre tödlich gewesen. Dann ging die Sonne auf, tauchte das Dampfspektakel in tiefes Gelb und Orange und bot uns ein grandioses Schauspiel.

Die Danakil – das »Höllenloch der Schöpfung«

Die wohl spektakulärste vulkanisch geprägte Wüstenregion ist die Danakil-Senke in Nordostafrika, die sich von Eritrea nach Äthiopien hinein erstreckt. Dabei entspricht sie so überhaupt nicht unseren Vorstellungen von einer Wüste. Kein Sand, keine Dünen, dafür stolpert man immer wieder über versteinerte Korallen, denn das 175 000 Quadratkilometer große Gebiet ist zum größten Teil trockengefallener Meeresboden. Interessanter aber ist, dass es sich um eine der geologisch aktivsten Regionen weltweit handelt. Drei Grabenbrüche treffen dort aufeinander, eine sogenannte Triple Junction, und alle drei sind aktiv. Derzeit hält nur noch ein schmaler Gebirgszug das Rote Meer davon ab, dieses Gebiet zu fluten. Neben ein paar wagemutigen Touristen zieht die Danakil-Senke Geologen und andere Wissenschaftler an.

Das geothermale Highlight ist das etwa vier Quadratkilometer große Vulkangebiet Dallol mit dem gleichnamigen Vulkan im Norden der Danakil-Depression – ein weiterer Name für dieses in mehrerlei Hinsicht höchst spannende Terrain. Dallol ist einer der unzugänglichsten Punkte der Erde. Das war einer der Gründe, warum ich zusammen mit italienischen Geologen in Mek'ele in Äthiopiens Hochland einen Helikopter der äthiopischen Armee bestieg, der uns dorthin brachte. Andere Gründe waren die unsichere politische Lage im Grenzgebiet zu Eritrea sowie die nach wie vor aktiven Widerstandsgruppen der Afar-Nomaden, die, wie die Nomaden in fast ganz Afrika, massiv benachteiligt werden.

Schwefelhaltiger Dampf dringt aus Spalten am Vulkan Erta Ale in der Danakil-Wüste im Nordosten Äthiopiens.

Vom 3000 Meter hohen Gebirgsstock ging es hinunter in die Danakil-Senke. Mit jedem Höhenmeter, den wir sanken, stieg die Temperatur im Cockpit. Dallol gilt mit einer Jahresdurchschnittstemperatur von 34,7 Grad als heißeste Gegend der Welt. Die Gesichter der Soldaten waren ernst, meines auch angesichts der abgefahrenen Reifen des augenscheinlich kaum gewarteten Hubschraubers. Ich saß an der Luke und blickte angstvoll und zugleich fasziniert auf namenlose Salzseen, die in intensivem Türkis bis hin zu kräftigem Orange leuchteten, je nachdem ob Algen oder Eisenoxide für die Färbung verantwortlich waren – ein im wahrsten Sinn unbeschreibliches Farbenspiel.

Vorsichtig setzte der Pilot den schweren Helikopter in den Hitzewirbeln auf, schaltete den Motor aber gar nicht erst ab, sondern wartete nur, bis wir unser Gepäck hinausgeworfen hatten und ausgestiegen waren, um dann sofort wieder abzuheben. Heiße Quellen spülen hier Salz aus dem Boden heraus und lagern es ab; Mineralien färben das Salz intensiv ein. Jede Quelle sprudelt nur ein paar Wochen lang. Die alten Salzablagerungen trocknen aus und werden zu einer rostbraunen Kruste. Man weiß nicht genau, woher das Salz hier an einem der tiefsten Punkte der Danakil-Depression stammt: 120 Meter unter dem Meeresspiegel; noch tiefer liegt nur der Assalsee im Südosten der Danakil-Senke. Vermutlich ist das Rote Meer vor Jahrmillionen sogar bis Dallol vorgestoßen und in der Hitze verdampft.

Nach zwei Tagen holte uns der Helikopter wieder ab und flog uns 75 Kilometer nach Süden, zum Vulkan Erta Ale, einem von einer Handvoll Vulkanen weltweit mit einem aktiven Lavasee. Die Landung war wieder äußerst riskant, und ein zweites Mal wurden wir mit unserem Gepäck bei laufenden Rotoren abgesetzt. Der Erta Ale hat mehrere sogenannte Pitkrater: kreisrunde Vulkankrater mit steilen Wänden, die durch den Einbruch des Bodens entstehen, wenn die ursprünglich darunterlagernde Magma abgeflossen ist. Am Erta Ale ist zwar ein Teil des Magmas abgeflossen, aber es ist auch noch reichlich vorhanden. Mir schien, als wären wir auf einem fernen Planeten gelandet. Um uns herum nur schwarze, erkaltete Lava. Beißender Schwefeldampf stieg fauchend aus Gesteinsritzen auf. Schritt für Schritt tasteten wir uns zum Kraterrand vor und starrten gebannt hinunter auf eine schiefergraue Masse. Immer wieder entwickelten sich neue, rot glühende Risse in der schwarzen, metallisch glänzenden Haut des Lavasees. Im Abstand von wenigen Minuten schossen bis zu 15 Meter hohe Lavafontänen heraus, die nach ein bis zwei Minuten in sich zusammenfielen und sich in einem Strudel tief in die Gesteinsschmelze zurückzogen. Wir konnten uns an dem Schauspiel kaum sattsehen.

So hat es am Anfang der Zeiten vermutlich überall auf der Erde ausgesehen, und die Bezeichnung »Höllenloch der Schöpfung« passt ganz ausgezeichnet. Der Brite Lewis Nesbitt, dem es im Jahr 1928 als erstem Weißen gelang, dieses Gebiet zu durchqueren, und der den Begriff prägte, konnte nicht ahnen, wie doppeldeutig »Höllenloch der Schöpfung« noch werden würde. Im Jahr 1974 fand man im Afar-Dreieck das versteinerte Teilskelett von »Lucy«, jener weltberühmten Frau der Gattung *Australopithecus afarensis,* die vor etwa 3,18 Millionen Jahren gelebt hat. Lucy wurde im Übrigen nach dem Song *Lucy in the Sky With Diamonds* der Beatles benannt, der an dem Tag, als sie entdeckt wurde, im Forschercamp mehrfach auf dem Tonband abgespielt wurde. Ein Jahr später, im November 1975, entdeckte man an beinahe derselben Stelle in Hadar am Awash-Fluss die Überreste gleich mehrerer unserer Vorfahren. Man fasste die Fossilien der neun Erwachsenen, drei Jugendlichen und fünf Kinder unter der Bezeichnung »erste Familie« zusammen. Nur wenige Kilometer von Hadar entfernt stießen Paläoanthropologen Mitte der 1990er-Jahre auf Skelett-Fragmente eines Frühmenschen, *Ardipithecus ramidus,* der beziehungsweise die mehr als eine Million Jahre vor Lucy und der ersten Familie gestorben war, denn bei »Ardi« handelte es sich erneut um die Überreste einer Frau.

Man geht davon aus, dass im Afar-Dreieck die Wiege der Menschheit stand, dass sich der Homo sapiens in dieser Gegend entwickelte und von hier aus verbreitete. Natürlich war die Gegend damals kein Höllenloch. Die Temperaturen waren angenehmer, das Klima feuchter und die Wüste grüner.

Wüste ist also unglaublich facettenreich. Einerseits, denn andererseits sind sich die verschiedenen Wüstentypen rund um die Erde erstaunlich ähnlich. Wenn man mich in die Reg-Landschaft irgendeiner Wüste beamen würde, könnte ich nicht sagen, ob ich in der Sahara stehe, in der Gobi oder der Mojave. Dasselbe wäre es mit Ergs. Wüsste ich, ob ich in der Rub al-Khali, im Grand Erg de Bilma oder in der Taklamakan bin, wenn man mich inmitten von Draas aussetzen würde? Nein, ich müsste raten. Allenfalls würde ich die Namib erkennen, wegen ihrer roten Dünen.

una Miscanti, ein Salzsee in den Anden in Nord-Chile

Felsformationen im Tassili du Hoggar, einem Hochplateau in der algerischen Sahara

Nomade in einem Flüchtlingslager im afghanischen Hindukusch

Rajasthanis auf dem Kamelmarkt von Pushkar, Indien

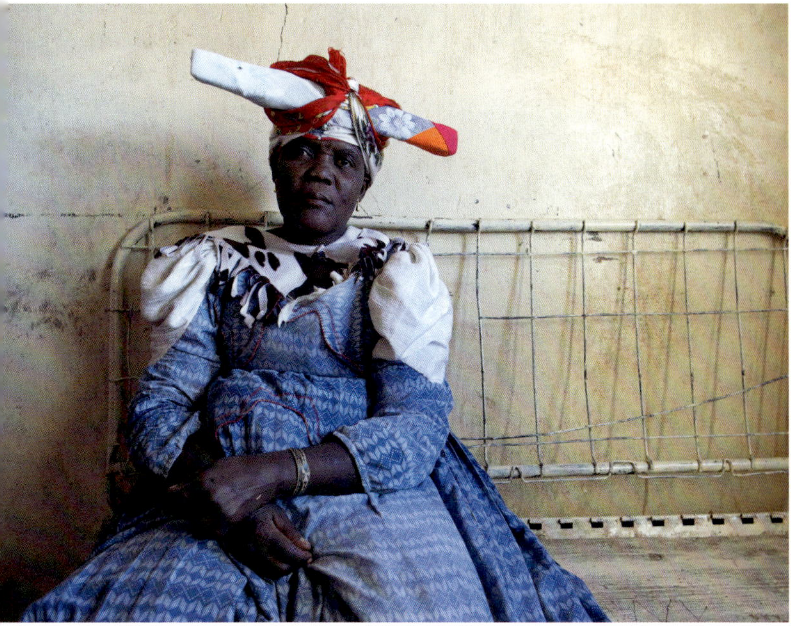

ara-Frau im Kaokoveld, Namibia

discher Militär an einem Brunnen in der Rub al-Khali

Felsformationen am San Juan River auf dem Colorado-Plateau, Utah

Die berühmte Felsformation »The Wave« auf dem Colorado-Plateau, Arizona

benprächtige Sanddünen der Namib-Wüste, Namib-Naukluft-Nationalpark

Robust und anspruchslos: Tamariske in der tschadischen Sahelzone

Bäume entlang eines Trockenflusses in der Kalahari, Botswana

Blütezeit auf dem Colorado-Plateau, Arizona

ıro-Kakteen im Saguaro-Nationalpark, Arizona

telpalmenhain an den Seen von Ounianga Kebir, Tschad

Terrassenfeldbau im indischen Himalaja

Kloster Badain Jilin in der Badain-Jaran-Wüste, China

Schüler in einer malischen Koranschule

Schulkinder in der Oase Fachi, Niger

ıder in einer Guelta (natürliche Wasserstelle) im malischen Teil der Sahara

Schalen von Straußeneiern in der Ténéré, Niger

Mit Muscheln besetzte Düne an der Atlantikküste Mauretaniens

orrter Busch auf dem bolivianischen Altiplano (Hochwüste zwischen den Andenketten)

sige Düne in der Namib-Wüste, Namibia

Das Trockenflusstal des Tsauchab endet am Sossusvlei, einer von Sanddünen umschlossener

gen Salz-Ton-Pfanne in der Namib, Namibia.

Geothermalgebiet Sol de Mañana auf dem bolivianischen Altiplano

ıter mit Lava am Vulkan Erta Ale, Äthiopien

ˈsir im westlichen Pamir, Tadschikistan

Ein sogenannter »Dorny Devil« in der Great Victoria Desert, Australien

Die Dünen von Demi im tschadischen Teil der Sahara

Dünen lassen sich auch mit Pkws – und guten Nerven – überqueren.

Stecken bleiben im Sand: Auch Allradfahrzeuge sind nicht davor gefeit.

einer Motorradwerkstatt in der Wüste Thar, Indien

ört der Spaß auf: Bei 40 Grad ein eingesandetes Motorrad ausgraben.

Die Guelta von Archi im Ennedi-Gebirge wird täglich von Hunderten Kamelen besucht.

Beduinenjunge im Oman

Alte Schriften in der Bibliothek von Chinguetti, Mauretanien

mit seinem Jagdfalken in den Emiraten

en der Rub al-Khali, Saudi-Arabien

Neolithische Reibeschale im Ennedi-Gebirge, Tschad

Sandwind im Ennedi-Gebirge, Tschad

Gazelle im Barr al-Ghazal, Tschad

Mattenzelt und Lehmhaus im nördlichen Tschad

-Nomaden an einem Brunnen im Tschad

Nomaden an einem Brunnen im malischen Sahel

Dorfszene im Niger-Binnendelta, Mali

Marktfrau auf dem Montagsmarkt von Djenné, Mali

Straßenszene in Djenné, Mali

e Frau macht ihren Abwasch im Niger, Mali.

Die Dünen von White Sands, New Mexico

Der Salzsee Salar de Uyuni, Bolivien

Düne von Arakao, Niger

erwegs in den Dünen von Temet, Niger

Seit 600 Jahren abgestorbene Bäume im Deadvlei, Namibia

Unterwegs im Hindukusch, Afghanistan

Ein Kleinod im wahrsten Sinn des Wortes – die Namib

Als ich aus politischen Gründen meine Reisen von der Sahara in andere Wüsten verlegen musste, war die Namib diejenige, die bei mir wieder »Wow!«-Momente auslöste. Der Süden des Landes mit dem UNESCO-Weltnaturerbe »Namib-Sandmeer« mit den riesigen Dünen in herrlich schönen Rottönen ist unbeschreiblich. Im nördlichen Teil der Namib begeisterten mich die Völker: die Himba, die Herero, die Damara, die bei meinen ersten Besuchen Namibias vor 20 Jahren noch sehr traditionell lebten.

Mittlerweile ist die Namib eine der am besten erschlossenen Wüsten mit vielen ordentlichen, wenngleich ungeteerten Pisten, mit zahlreichen Campingplätzen und Lodges. Für »Wüstenanfänger« ist sie aus ebendiesen, aber auch aus weiteren Gründen ideal. Die Namib ist kleinräumig, weist aber trotzdem sehr unterschiedliche Landschaftsformen auf. Es gibt in Namibia – die Namib liegt hauptsächlich in diesem Land, nur ein winzig kleiner Teil ragt nach Angola hinein – praktisch keine Tropenkrankheiten, keine Minen, das Wetter ist recht beständig, und das Land ist politisch stabil und überhaupt ein sicheres Reisegebiet.

Wenn man sich dumm anstellt, kann man natürlich auch in der Namib »liegen bleiben«, weil man zu tanken vergessen hat und obendrein der Reservekanister leer ist. Und ganz ungefährlich ist die Namib auch nicht. Jedes Jahr kommen dort etliche Touristen ums Leben, weil sie sich mit dem Auto an einer Düne oder dem Uferrand eines Wadis überschlagen oder weil sie ihr

Hoch über der Namib habe ich aus dem Flugzeug kleine Sicheldünen fotografiert, die anders als die großen Stern- und Längsdünen wandern.

Nachtlager in einem Trockenflussbett aufschlagen und von einer Flutwelle überrascht werden.

Im »Namib-Sandmeer«, so groß wie Bayern, kann man ein besonders schönes Farbspiel erleben. Je weiter man in das Innere des »Sandmeers« vordringt, desto älter und damit stärker »verrostet« sind die Dünen. Ihr Sand enthält nämlich einen hohen Anteil an Eisen, und das rostet mit der Zeit. Der Oxidation verdankt im Übrigen auch der 275 Millionen Jahre alte Sandstein im Colorado-Plateau seine typische Rotfärbung. Es stellt sich natürlich die Frage, wie Eisen in einer Wüste rosten kann. Der Sand, der die Dünen der Namib formte, stammt ursprünglich aus der Kalahariwüste im Landesinneren, in deren Boden neben Mangan und anderen Erzen auch viel Eisen steckt. Von dort schwemmte ihn der Fluss Oranje in den Atlantik, wo ihn der Benguelastrom an der Küste verteilte und der Wind ihn wieder landeinwärts blies, wobei der Sand die ersten Kilometer durch den für diese Region typischen Küstennebel zurücklegte. Er kam also auf seiner Reise, die Millionen von Jahren dauerte, mehrmals und für lange Zeit mit Wasser und Feuchtigkeit in Berührung, sodass seine Eisenanteile ausreichend Gelegenheit hatten, Rost anzusetzen.

In diesem Fall ist der Rost im wahrsten Sinn des Wortes gern gesehen, denn er lässt alte Dünen je nach Lichteinfall und Tageszeit in den unterschiedlichsten Rottönen leuchten, von Kupferfarben bis Zinnoberrot. Aus der Luft betrachtet, entfaltet die Namib einen ganz besonderen Zauber, besonders an klaren Tagen: Die Dünen changieren je nach Alter zwischen Gelb, Beige, Orange und Rot; im Westen folgen die weiße Brandung und das tiefe Blau des Atlantiks – nirgendwo sonst auf der Welt stößt eine Wüste so spektakulär an eine Küste. Doch auch, wenn sich der Küstennebel wie eine Decke über die ozeannahen Dünen legt, hat das einen ganz besonderen Reiz.

Der Benguelastrom sorgt für einen weiteren Kontrast. Während die namibische Wüste in großen Teilen und im Speziellen im Namib-Sandmeer eher lebensfeindlich ist, tummeln sich in dem nährstoffreichen Gewässer des Atlantiks direkt vor der Küste riesige Fischschwärme und Wale, unter anderem die bis zu zwölf Meter langen Buckelwale, die sich auch schon mal im Tiefseehafen von Walvis Bay, der drittgrößten Stadt Namibias, sehen lassen. Und jede Menge Robben. Allein im Robbenreservat Kreuzkap, einem der größten Sammelgebiete der Südafrikanischen Seebären, bilden bis zu 210 000 dieser Tiere eine Kolonie, um ihre Jungen zu gebären.[20]

»Tierpark« Namib

Generell und logischerweise sind Wüsten, die in Teilen oder zur Gänze als Naturreservate deklariert sind – und auf deren Schutz der Staat anders als im Naturschutzgebiet Aïr und Ténéré auch tatsächlich achtet – tierreicher als »schutzlose«. Ebenso generell gilt und ebenso logisch ist, dass kleinere Wüsten tierreicher sind als große, schlicht deswegen, weil die Entfernungen zu den Rändern, also zur Halbwüste oder zur Trockensavanne mit deren weit besseren Lebensbedingungen, geringer sind. Damit landet man, so lebensfeindlich sie in manchen Gebieten auch ist, fast automatisch bei der Namib als der Wüste mit den meisten Tieren. Die kleine Namib hat durch ihre schmale, lang gezogene Form einen »Rand« zu angrenzendem Land von gut 2 000 Kilometern und ist praktisch zur Gänze ein Naturreservat. Im Westen bildet der Atlantik die Grenze, das Land östlich der Wüste ist dünn besiedelt, und außerdem wandelten etliche der dort lebenden Farmer Tausende Hektar ihres Landes in Schutzgebiete um. Das größte ist das NamibRand Naturreservat, mit 2 150 Quadratkilometern so groß wie 300 000 Fußballfelder.

Die Namib ist nicht nur tierreich, sondern kann auch mit Tierarten aufwarten, die man in einer Wüste nicht vermutet. Im Nordwesten, in der Region Kunene, lebt eine von weltweit nur zwei Populationen von Wüstenelefanten (die andere ist in Mali heimisch). Ehrlicherweise muss man sagen, dass die Wüstenelefanten zwar bisweilen durch die Vollwüste ziehen, die meiste Zeit jedoch in den Trockenflusstälern am Rand der Namib zubringen, wo sie auch während der Trockenzeit Wasser und vor allem genügend zu fressen finden: Schirm- oder Kameldornakazien, die saftigen Früchte der Nara-Sträucher und Marula-Bäume, Büsche und Gräser. Auch unterscheiden sie sich genetisch nicht von ihren Brüdern und Schwestern in anderen Regionen. Und dennoch hat es seine Berechtigung, sie als »Wüstenelefanten« zu bezeichnen, weil sie sich ganz spezifisch an ihre Umgebung angepasst haben: Während in der Savanne lebende Elefanten ohne Rücksicht Zweige und Äste abbrechen und ganze Bäume umlegen, um an die Blätter in der Krone zu kommen, rupfen Wüstenelefanten hier ein paar Blätter, dort ein paar Früchte ab und ziehen dann weiter. Nur höchst selten legen sie einen Baum um – als würden sie ganz bewusst nachhaltig mit der Nahrungsressource umgehen. Wüstenelefanten haben sich auch körperlich angepasst: Sie sind schmächtiger als ihre Verwandten in der Savanne, haben längere Beine und größere Füße, wodurch sie im Sand leichter vorankommen und nicht so schnell einsinken. Sie leben in kleineren Familienverbänden und bekommen seltener Nachwuchs. Sie können drei Tage ohne Wasser ausharren, während Elefanten in der Savanne täglich trinken müssen.[21] Noch drastischer wird der Vergleich, wenn man die Wassermengen gegenüberstellt: Wüstenelefanten brauchen alle paar Tage etwa 100 Liter, Savannenelefanten jeden Tag bis zu 200 Liter.

In der Kunene-Region sind auch die seltenen Wüstenlöwen zu Hause. Wie die Wüstenelefanten unterscheiden sich diese Löwen genetisch nicht von ihren Artgenossen in der Savanne oder der Steppe, sondern haben sich lediglich an ihr Umfeld angepasst. Ihre Streifgebiete sind deutlich größer, und sie jagen am Tag statt in der Nacht, denn da lässt sich die rare Beute leichter aufspüren. Sie versorgen sich ausschließlich über ihre Nahrung mit Wasser, und ihre Konkurrenzkämpfe enden nie tödlich, als wüssten sie, dass jeder Einzelne von ihnen immens wichtig für den Erhalt ihrer Art ist.

Ende der 1980er-Jahre waren die Wüstenlöwen beinahe ausgestorben, mittlerweile soll sich der Bestand auf 120 Exemplare erholt haben. Das ist viel zu wenig, um langfristig das Überleben dieser seltenen Tiere zu sichern. Trotz Schutzmaßnahmen und Aufklärung greifen Farmer und Himba-Nomaden zu Gift, Schlingen und Schusswaffen, um die Raubkatzen von ihrem Land und ihren Nutztieren fernzuhalten. Der Verlust eines Weideviehs führt vor allem bei den Nomaden, die ohnehin in Armut leben, zu schmerzhaften finanziellen Einbußen. Zwar sind die Wüstenlöwen ein Touristenmagnet, doch von den Einnahmen landet selten etwas in den Taschen der Himba. Ich weiß nur von einem Touristen-Camp, dessen Angestellte vorwiegend direkt aus der Region kommen und das die umliegenden Dorfgemeinschaften am Gewinn beteiligt.

Der Spießbock, das Wappentier Namibias, ist ebenfalls in der Namib zu Hause. Der Gemsbock, wie er ebenfalls genannt wird, angeblich, weil seine Gesichtszeichnung der einer Gämse ähnelt, ist die größte Art der Oryxantilopen. Seine Schulterhöhe von stattlichen 1,20 Metern wird von seinen kerzengeraden, spitzen Hörnern noch übertroffen: Sie werden bis zu 1,50 Meter lang.

Im Südwesten der Namib, bei Garub in der Nähe von Aus, leben seit mehr als 100 Jahren sogar Pferde. Ob ihre Vorfahren in den Kriegswirren 1915 aus einer Pferdezucht entkamen oder versprengte oder zurückgelassene Militärpferde waren – oder beides –, ist bis heute nicht restlos geklärt. Jedenfalls waren sie sicher vor Verfolgung, da die gesamte Region zwischen Aus und Lüderitz seit 1908 Diamantensperrgebiet war. Noch heute darf man dieses Gebiet nur mit Genehmigung der Minengesellschaft betreten, lediglich die Straße zwischen den beiden Ortschaften ist für jedermann frei zugänglich. Gras müssen sich die Pferde im weiten Umkreis suchen, Wasser hingegen finden sie reichlich in der Geisterstadt Garub, etwa 20 Kilometer von Aus entfernt. Dort wurden bis zur Errichtung des Diamantensperrgebiets die Lokomotiven der Eisenbahnlinie Aus-Lüderitz mit Wasser versorgt. Das Bohrloch, das dafür angelegt worden war, dient den »Namib-Pferden« bis heute als Tränke. Anders als bei den Wüstenelefanten und den Wüstenlöwen hat sich der Körper der Pferde noch nicht an ein Leben in der Wüste angepasst. Die Tiere überleben rein durch ihr »wüstengerechtes« Verhalten: Sie legen größere Strecken als andere Pferde zurück, um Nahrung zu finden, und sie fressen, wann immer sich die Gelegenheit ergibt. In Dürrezeiten spielen sie weniger häufig, um ihre Kräfte zu schonen. Und sie fressen ihren eigenen Dung, um nicht verwertete Nährstoffe daraus aufzunehmen. Nach fünf Dürrejahren in Folge gelten die Tiere dennoch seit 2017 als vom Aussterben bedroht.[22]

Die Welwitschia – wahrlich wunderbar

Nicht nur tierische Besonderheiten liefert die Namib, sondern auch eine botanische: die Welwitschia mirabilis. Sie kommt ausschließlich in der dortigen Nebelzone vor, nirgendwo sonst auf der Welt. Der Nebel schlägt sich an ihren beiden lederartigen Blättern nieder und tropft von dort in den Sand. Über ihr oberflächennahes Wurzelwerk nimmt die Pflanze die Feuchtigkeit auf. Sie hat aber auch eine Pfahlwurzel, mit der sie an tiefer liegendes Wasser herankommt. Alles an der Welwitschia ist überdimensional. Um auszukeimen und das Wurzelwerk zu entwickeln, das die geringe Feuchte der Wüste auszunutzen versteht, braucht sie mindestens acht bis zehn Jahre lang ausreichend Wasser beziehungsweise Nebel. Ihr Wurzelwerk hat einen Durchmesser von bis zu 30 Metern, ihre beiden Blätter werden über zweieinhalb und angeblich sogar bis zu sechs Meter lang. Der Stamm der Pflanze, der zum allergrößten Teil im Sand steckt, kann bis zu einem Meter Durchmesser erreichen. Etwa 50 Kilometer von Swakopmund entfernt wurde eine Welwitschia mirabilis zu ihrem eigenen Schutz eingezäunt, denn sie ist eine der bekanntesten Touristenattraktionen Namibias und in jedem Reiseführer zu finden. Dieses Exemplar ist etwa eineinhalb Meter hoch und soll mindestens 1 000, möglicherweise sogar 1 500 Jahre alt sein. So genau weiß man es nicht. Da Welwitschiae Jahresringe bilden, könnte man ihren Stamm ausgraben und die Ringe zählen, doch das würde ihren sicheren Tod bedeuten. Man weiß aber von mit Sicherheit weit jüngeren Exemplaren, dass sie 500 Jahre alt sind. Es muss diesen Superlativen geschuldet sein, dass die Welwitschia den Beinamen mirabilis – »bewundernswert«, »wunderbar« – erhielt, denn an ihrem Erscheinungsbild kann es nicht liegen. Mit ihren an den Enden verwitterten, verholzt-grauen Blättern, die mit dem Alter an immer mehr Stellen einreißen und in einem ungeordneten Haufen und irgendwie kraftlos im Sand liegen, sieht sie aus, als wäre sie mehrmals von einem Laster überfahren worden. Geschätzte fünf Prozent aller Welwitschiae haben vier Blätter, sind deswegen aber auch nicht hübscher. Anspruchslose Wüstentiere wie die Gemsböcke stört die Hässlichkeit dieses höchst seltsamen Gewächses nicht, sie haben Welwitschiae zum Fressen gern.

Als die Sahara grün war

Für einen Geomorphologen, der sich mit Landschaftsformen auskennt, ist die Wüste ein gigantisches Buch der Erdgeschichte, das offen vor ihm liegt. In anderen Regionen tut man sich wesentlich schwerer, beispielsweise Spuren der Eiszeit zu erkennen. Man kann sich zwar am Ammersee in Bayern noch vorstellen, dass der Gletscher reingeschrappt ist, dass bei Kloster Andechs eine Seitenmoräne verlief oder in Grafrath die Endmoräne. Doch zu erkennen ist es kaum noch, da der Mensch massiv in die Landschaft eingegriffen hat, große Flächen von Vegetation bedeckt sind und die Erosion, die aufgrund des hiesigen Klimas recht stark ist, die Formen verwischt hat.

In der Wüste ist das anders. Da werden die oft riesigen Einzugsgebiete von Flüssen und Seen offenbar. Der Lake Eyre etwa ist der größte Salzsee Australiens. Sofern er zur Gänze gefüllt ist, was allerdings nur alle 20 bis 30 Jahre vorkommt. Er liegt ziemlich genau in der Mitte und am tiefsten Punkt – 17 Meter unter dem Meeresspiegel – des fast durchweg trockenen australischen Kontinents und hat ein Einzugsgebiet von über einer Million Quadratkilometer!

In der Ténéré kann man bis heute Muschelschalen und fossile Fische finden, die einst den gigantischen Paläo-Tschad besiedelten. Seine größte Ausdehnung in »neuerer« Zeit erlangte das Binnenmeer vor etwa 6 000 Jahren während der letzten Feuchtperiode. Damals bedeckte es etwa 360 000 Quadratkilometer[23]. Der Bahr al-Ghazal (Gazellenfluss) – nicht zu verwechseln mit dem gleichnamigen Fluss im Südsudan –, heute ein Trocken-

Neolithische Felszeichnungen in der Sahara sind ein Indiz für ein deutlich feuchteres Klima in der Jungsteinzeit.

flussbett, das sich quer durch den Tschad zieht und schließlich im Tschadsee mündet, hatte zu jener Zeit ein Einzugsgebiet, das der mehrfachen Größe Deutschlands entsprach. Da nimmt es nicht wunder, dass man eines der ältesten Boote der Welt im Tschad fand, genauer in den Sedimenten eines ehemaligen Zuflusses zum Mega-Tschad. 8 000 Jahre alt ist der 8,40 Meter lange Einbaum, der als »Boot von Dufuna« in die Geschichte der Archäologie einging.[24]

Als der Tschadsee mit Ende der Feuchtperiode schrumpfte, hinterließ er in über 1 000 Kilometer Entfernung, im Nordosten des Tschad – da, wo die Welt aufzuhören scheint – mehrere Seen, die in zwei 40 Kilometer voneinander entfernten Gruppen das größte Seengebiet der Sahara bilden: Ounianga Kebir und Ounianga Serir. Diese Seen existieren bis heute – je nach

Wasserstand sind es mal 18, mal 19 – und zählen zu den Naturphänomenen der Sahara. Seit 2012 sind sie UNESCO-Weltnaturerbe. Bei durchschnittlich nur zwei Millimeter Regen pro Jahr und einer potenziellen Verdunstung von 6000 Millimetern in diesem Teil der Zentralsahara müssten sie längst ausgetrocknet *und* versalzen sein. Ihr Geheimnis liegt in einem unterirdischen Austauschsystem. Die Seen werden aus einem gewaltigen unterirdischen Wasserreservoir in der Nubischen Wüste gespeist, das sich während der Feuchtperioden der Sahara gebildet hat. Die meisten der Seen sind dick mit schwimmenden Schilfmatten bedeckt, was die Verdunstung reduziert. Ausgerechnet die Oberflächen der beiden größten Seen, Teli und Yoa, sind hingegen frei von Schilf. Ihr Wasser verdunstet daher weit schneller und ist aus demselben Grund auch salzig. Allerdings liegen sie etwas tiefer als die kleineren Seen, und sobald ihr Wasserspiegel sinkt, zapfen sie aufgrund des Niveaugefälles den kleineren Seen Wasser ab, die ihren »Bestand« wiederum aus dem »süßen« Grundwasser auffüllen. Teli und Yoa schlagen so zwei Fliegen mit einer Klappe: Sie entgehen der vollständigen Verdunstung und senken regelmäßig den Salzgehalt in ihrem Wasser.

Von einer Anhöhe aus hat man einen fantastischen Blick auf den zwölf Meter tiefen Teli-See, den größten See der östlichen Seengruppe. Der Yoa-See, der Hauptsee der westlichen Seengruppe, ist noch größer und bis zu 26 Meter tief. An ihm liegt der Hauptort der Region, Ounianga Kebir. Im Jahr 2014 war ich zum zweiten Mal dort. Seit meinem ersten Besuch zehn Jahre zuvor hatte sich auf den ersten Blick nichts geändert. Ein paar Lehmhütten und ein Ziehbrunnen standen am Marktplatz, das Sortiment in den kleinen Läden bestand vorwiegend aus chinesischen Billigwaren und Fässern mit geschmuggeltem libyschen Benzin. Einige Kisten Coca-Cola zeugten davon, dass die Globalisierung auch hier, im hintersten Winkel des Tschad, angekommen war. Und ein Mobilfunkmast erzählte vom technischen Wandel. Inzwischen gibt es auf dem afrikanischen Kontinent mehr SIM-Karten als in ganz Nordamerika.

Abends erklommen Jörg Reuther, Elly und ich den höchsten Felsen der Umgebung. Und wurden für die anstrengende Kletterei reichlich belohnt: Im Licht der untergehenden Sonne leuchteten die Felswände über dem Yoa-See rot auf, darunter tiefblaues Wasser. Weit unter uns erkannten wir unser Nachtlager. Vom Lagerfeuer stieg eine Rauchsäule auf. Dahinter breitete sich nichts als Wüste aus. So schön kann das Ende der Welt sein.

In den vergangenen 200 000 Jahren gab es in der Sahara drei Feuchtperioden, in denen der Mega-Tschad weit über seine Ufer trat und die riesige Wüste von weiteren Seen, von Wäldern und Savannen bedeckt war. Die erste war vor 120 000 bis 110 000 Jahren, die zweite vor 50 000 bis 45 000 Jahren. Die dritte Regenperiode begann vor 10 000 bis 8 000 Jahren und näherte sich vor 5 500 Jahren allmählich ihrem Ende. Das haben Forscher anhand von Sedimentablagerungen festgestellt, die vom Meeresboden vor der Küste Westafrikas stammten: Wenn Stürme Staub aus der Sahara über den Atlantik blasen, geht ein Teil davon unterwegs verloren und lagert sich auf dem Meeresboden ab. Und in ebendiesen Ablagerungen fanden die Forscher nicht nur Sand, sondern auch Pflanzenreste. Deren chemische Zusammensetzung wiederum gab Aufschluss darüber, in welchen Zeiten die Sahara feucht und in welchen sie trocken war.

Wie passt das mit dem Urheber der Wüstenbildung zusammen, dem angeblich doch so beständigen und immerwährenden Passat? Interessanterweise fielen die Feuchtperioden in Zeiten, in denen aufgrund der Kreiselbewegung der Erdachse die Sonneneinstrahlung in der Nähe des Äquators besonders stark war. Dann verdampfte mehr Wasser aus den Meeren, wodurch der Monsunregen stärker wurde. Diese Kreiselbewegung vollzieht sich in regelmäßigen Intervallen von etwa 23 000 Jahren. Allerdings führt sie nicht jedes Mal zu einer grünen Sahara. Wenn in Kältephasen der Monsun nicht weit genug nach Norden kommt, um die Sahara zu erreichen, bleibt die Wüste trocken.[25]

Auf Felsbildern aus der letzten Feuchtperiode – mal sind es Gravuren, mal Zeichnungen – sieht man Tiere, die man aus der Savanne kennt, die es aber in der Sahara längst nicht mehr gibt, unter anderem Nashörner, Büffel, Flusspferde und Löwen. Besonders eindrucksvoll finde ich die lebensgroßen, bis hin zum Fellmuster detailgetreuen Gravuren zweier Giraffen in einem Felsen in der Ténéré, nur wenige Kilometer abseits der Straße von Agadez nach Arlit. Ihr Alter wird auf 8 000 Jahre geschätzt.

Die eine oder andere Feuchtperiode in der Sahara musste durchaus üppiges Leben hervorgebracht haben, denn 1989 zeigte mir mein Guide Mohamed die Spuren, die ein Carnosaurus, ein fleischfressender Dinosaurier, vor etwa 50 Millionen Jahren östlich von Agadez im Morast hinterlassen hat. Die dreizehigen, seit Langem versteinerten Fußabdrücke sind bis heute deutlich zu sehen. Im Jahr 2005 entdeckten Paläontologen dann südlich von Agadez gleich mehrere und weit ältere Spuren, unter anderem 170 Millionen Jahre alte Abdrücke von Paraves, den Vorfahren der Vögel, und einen »Dinosaurierfriedhof«. Ausgrabungen förderten unter anderem das Skelett einer unbekannten pflanzenfressenden Dinosaurierart, die Wirbelknochen eines Sauropoden, die ebenfalls Veganer waren, die Zähne von Raubsauriern und die Knochenplatten eines wiederum unbekannten gepanzerten Dinosauriers zutage.[26]

Der Jurassic Park in der Mongolei

Ein wahres Eldorado für Paläontologen ist die Gobi. Fast auf Schritt und Tritt stoßen sie dort auf Fundstellen. Es sind mittlerweile derart viele, dass wohl noch Generationen von Wissenschaftlern damit beschäftigt sein werden.

Was die Gobi für die Paläontologie, die Wissenschaft, die sich der Erforschung von Lebewesen und Lebewelten vergangener Erdzeitalter widmet, so überaus interessant macht, sind nicht nur die unzähligen Fossilienfunde, sondern auch die Tatsache, dass etliche Skelette zur Gänze erhalten sind, so zum Beispiel vom Tarbosaurus, einem gigantischen Räuber, der mit dem nordamerikanischen Tyrannosaurus nahe verwandt ist. Man stieß außerdem auf Fossilien von anderen, kleineren Theropoden, von verschiedenen Sauropoden, von gepanzerten Ankylosauriern, die, wenn man den Nachbildungen glauben kann, wie eine Mischung aus Krokodil und Gürteltier aussahen, nur halt viel, viel größer, von Protoceratopsidae mit dem charakteristischen Nackenschild und vielen mehr.

Was die Gobi darüber hinaus zu einer Schatzkammer für Paläontologen macht, sind kaum beschädigte Skelette von vorzeitlichen Wirbeltieren, von denen in anderen Gegenden nur einzelne Zähne, ein paar Bruchstücke von einem Kiefer oder anderen Knochen gefunden wurden. Mindestens ebenso wertvoll sind Skelette, die von ein und derselben Tierart, aber von Tieren unterschiedlichen Alters stammen, denn das erlaubt erstmals Rückschlüsse auf die Entwicklungsphasen.

Manche Fundstücke werfen aber auch bisher als gesichert

geglaubte Erkenntnisse über den Haufen. So fand man in einem länglichen Ei mit runzeliger Schale, das man als typisch für den Protoceratops hielt, das Skelett eines sogenannten Oviraptors, was wörtlich übersetzt »Eierräuber« heißt. Diesen Namen hat man ihm verpasst, da das erste Skelett eines Oviraptors auf einem fossilen Nest entdeckt wurde und man ihn daher für einen Eierdieb hielt. Höchstwahrscheinlich wollte der Oviraptor die Eier aber gar nicht stehlen, sondern bebrütete sie, als er starb. Zumindest legt das Oviraptor-Embryo-Skelett diese Schlussfolgerung nahe.[27]

Ein weiterer spektakulärer Fund war der zweier beinahe komplett erhaltener Skelette, das eine von einem Veloziraptor, das andere von einem Protoceratops. Offensichtlich waren die beiden, das eine ein Raubtier, das andere ein Beutetier, in einen Kampf verwickelt, als sie, vermutlich von einem Sandsturm überrascht, zu Tode kamen. Die zwei sind, neben vielen weiteren sehenswerten Ausstellungsstücken, im Naturkundemuseum von Ulaanbaatar zu bewundern.

Das alles lässt eigentlich nur einen Schluss zu: Die Gobi muss zumindest zur Zeit der Dinosaurier sehr viel fruchtbarer gewesen sein als heute, denn wie hätte sie sonst die vielen enorm großen Tiere ernähren können. Und höchstwahrscheinlich gab es, so wie in der Sahara, mehrere Feuchtphasen, da nicht nur Fossilien von Dinosauriern in der Gobi gefunden werden, sondern auch solche von Süßwasserschildkröten und von frühen Formen heutiger Säugetiere.[28] Und mit ziemlicher Sicherheit gab es sogar vor relativ kurzer Zeit eine Feuchtperiode, denn im Südwesten der Mongolei, an der Grenze zu China, streift ein Tier durch die Gobi, das vermutlich ein Relikt aus dieser Zeit ist und das man in keiner Wüste der Welt vermuten würde: ein Bär. Genauer: der Gobi-Bär, eine Unterart des Braunbären und eines der seltensten Tiere dieser Welt. Zwischen 25 und 40 Gobi-Bären soll es noch geben, der genaue Bestand ist nicht bekannt.

Die Schluchten und Berghänge in seinem Heimatgebiet, dem Naturreservat Southern Altai Gobi, auch bekannt unter dem seltsamen Namen »Großer Gobi A«, sind trocken und kahl. Nur in den Oasen sprießt Grün. Eine wichtige Futterpflanze des Gobi-Bären ist der Kleine Rhabarber, dessen mächtige Wurzeln er ausgräbt. Auch Beeren stehen auf seinem Speiseplan, etwa die des Salpeterstrauchs, wie der Kleine Rhabarber eine typische Pflanze der Wüsten Zentralasiens. Heuschrecken runden die Magerkost ab. Gobi-Bären sind ständig auf Diät, weshalb sie auch nur halb so schwer werden wie andere Braunbären.[29]

Versunkene Städte

Die Geschichte der Menschheit lässt sich in Afrika fast lückenlos über zwei Millionen Jahre nachverfolgen, und heute gilt der Kontinent unbestritten als »Wiege der Menschheit«. Doch es scheint, als würde man Kulturleistungen eher dem »weißen« als dem »schwarzen« Afrika zutrauen. Warum sonst hat jeder schon einmal von den Pyramiden der ägyptischen Pharaonen gehört, aber kaum jemand von den Pyramiden der »schwarzen Pharaonen« von Meroe im Sudan? Und das, obwohl es sich bei Meroe um das größte Pyramidenfeld der Erde handelt. 200 Kilometer nordöstlich der sudanesischen Hauptstadt Khartum liegen 900 Tempel, Paläste und Pyramiden im Sand der Butanawüste – Zeugen einer Hochkultur, die von 800 v. Chr. bis 400 n. Chr. weite Teile des Niltals beherrschte. Meroe war von etwa 400 v. Chr. bis 350 n. Chr. eines der Hauptzentren des Handels zwischen Schwarzafrika und dem Mittelmeerraum, und das Herrschaftsgebiet der schwarzen Pharaonen – das legendäre Reich von Kusch, geografisch identisch mit dem besser bekannten Nubien – reichte zeitweise bis ans Mittelmeer.

Die Pyramiden von Meroe sind wesentlich kleiner als die ägyptischen, aber mindestens genauso kunstvoll in ihrem Baustil und ebenso prächtig ausgestattet. Die meisten Grabkammern wurden im 19. Jahrhundert geplündert und sind wieder zugeschüttet. Als ich 1987 das erste Mal in Meroe war, lagen die Pyramiden verlassen in der Wüste, nicht einmal ein Wärter war zu sehen. Derzeit wird die Königsstadt, eine der wichtigsten archäologischen Stätten Afrikas und seit 2011 UNESCO-Weltkulturerbe, mit der finanziellen Unterstützung Katars und in Zusammenarbeit mit dem Deutschen Archäologischen Institut restauriert.

Ein gutes Stück tiefer im afrikanischen Kontinent, im Nordosten der Republik Niger, liegt Djado, einer der entlegensten und unzugänglichsten Orte der Welt. Von der Provinzhauptstadt Agadez fährt man etliche Tage durch die Ténéré, bis man von gewaltigen Kegeln, wuchtigen Blöcken und spitzen Felsnadeln empfangen wird, die die Erosion in Millionen Jahren aus dem westlichen Rand des Djado-Plateaus herausgefräst hat. Wie die Felseninsel Mont-Saint-Michel in der Normandie aus dem Wasser, so ragen die imposanten Ruinen der ehemaligen Festungsstadt Djado kegelförmig aus dem Sandmeer empor. Stundenlang kann man in den verwinkelten Gassen umherstreifen, in den Resten der Lehmhäuser von Raum zu Raum wandern und immer wieder Neues entdecken. Die komplexe Architektur, die sonst nirgendwo in der Sahara zu finden ist, zeugt von einem hohen Stand der Zivilisation, die Djado gegründet hat. Das Djado-Plateau mit zahlreichen Felsbildern und -gravuren, die auf 3500 bis 2500 v. Chr. datiert werden, und die Ruinen von Djado wurden 2006 in die Vorschlagsliste zur Nominierung als UNESCO-Weltkulturerbe aufgenommen.

Warum die noch heute beeindruckende Feste aufgegeben wurde, liegt im Dunkeln. Jedes Wüstenvolk hat dazu seine eigene Geschichte. Die einen sagen, dass räuberische Tuareg die Stadt überfielen und ausraubten. Andere sind überzeugt, dass ein Fluch auf der Stadt und ihren Bewohnern lastete. Und wieder andere glauben, dass die von Rinderherden eingeschleppten Stechmücken die Bewohner vertrieben. Tatsächlich tummeln sich Myriaden dieser Plagegeister in den nahen, aus unterirdischen Quellen gespeisten Sümpfen, wo sie ideale Lebensbedingungen vorfinden. Wo Wasser ist, gibt es auch Kleingetier, und so sind die Ruinen mit ihren guten Versteckmöglichkeiten und

dem reichlich mit Mäusen und anderen Nagetieren gedeckten Tisch ein Eldorado für Schlangen.

Wenn man in Namibia von dem kleinen Ort Aus an die Küste fährt, liegt wenige Kilometer vor der Küstenstadt Lüderitz und mitten im Diamantensperrgebiet linkerhand das mittlerweile fast vollständig vom Sand verschluckte Kolmanskuppe, »Kolmanskop« auf Afrikaans.

Zwei Bahnarbeiter fanden 1908 in den Dünen die ersten Diamanten, und inmitten des sandigen Nichts entstand innerhalb kürzester Zeit eine Bergbausiedlung, die bald als reichste Stadt ganz Afrikas galt und mit allem erdenklichen Luxus aufwartete. Mitten in der Wüste gab es für die nur etwa 400 Bewohner des mondänen Zentrums der Diamantenindustrie ein Elektrizitätswerk, ein Krankenhaus, eine Eisfabrik, eine Metzgerei, eine Bäckerei, einen Tante-Emma-Laden, ein Postamt und eine Grundschule. Für Zerstreuung sorgten eine Turnhalle, eine Kegelbahn, ein Schwimmbad und ein Ballsaal mit Theater. Die Baumaterialien für die prunkvollen Villen, die Möbel, die Eisschränke, die Geräte für das Krankenhaus, darunter der damals erste und einzige Röntgenapparat auf der südlichen Halbkugel, wurden auf dem Seeweg um halb Afrika herum aus Europa in die Kolonie Deutsch-Südwestafrika gebracht. Es war ein Paradies auf Zeit. Nicht einmal 20 Jahre nach dem ersten Fund wurde der Diamantenabbau eingestellt und Kolmanskuppe der Wüste überlassen.

Heute ist der Ort ein Museum. Einerseits fühlte ich mich dort fast wie in Pompeji. Läge in manchen Häusern nicht hüfthoch Sand, könnte man meinen, die Bewohner hätten die Stadt erst vor Kurzem verlassen. Das Wüstenklima konservierte das Holz der Türen und Fensterrahmen, sogar die Tapeten und kunstvollen Wandmalereien. Seltsam mutet andererseits der wilhelminische Stil der Häuser an, ein Erker hier, eine Loggia da – ein Stück altes Deutschland mitten in der namibischen Wüste.

Auch Asien hat seine vom Sand verschluckte Stadt: Kara-Koto in der chinesischen Provinz Innere Mongolei. Die »Schwarze Stadt« liegt in einem Dünengebiet in der südwestlichen Gobi, das auch als Alashan-Wüste bezeichnet wird. Sie war von ihrer Gründung im Jahr 1038 bis zu ihrer Zerstörung durch Dschingis Khan in 1227 die Hauptstadt des Tangutenreiches. Ich hatte schon öfter von Kara-Koto gehört, es aber noch nie gesehen. 2002, während der Motorradreise durch die Wüsten der Erde, erzählte ich einem Nomaden, bei dem Elke Wallner und ich rasteten, davon, und er bot an, uns ein Auto samt Fahrer zu organisieren, der uns nach Kara-Koto bringen sollte. Das war nicht ganz einfach. Um sein Handy nutzen zu können, musste sich der Mann genau in der Mitte seiner Jurte auf einen Schemel stellen. Der Schemel war zwar nur 20 Zentimeter hoch, aber diese 20 Zentimeter gaben im wahrsten Sinn des Wortes den Ausschlag: Die Anzeige für Signalempfang zeigte nun einen Balken – zumindest zeitweise.

Bis auf die erstaunlich gut erhaltene, fast zehn Meter hohe und beinahe vier Meter dicke Stadtmauer und ein paar Türme gibt es eigentlich nicht viel zu sehen, denn das wenige, das Dschingis Khan von Kara-Koto übrig ließ, hat der Sand unter sich begraben. Doch die Chinesen sind geschäftstüchtig, und so steht dort ein kleines Häuschen, in dem man ein Eintrittsticket für die »Touristenattraktion« kaufen muss. Es war dennoch ein lohnender Ausflug, denn es war ein sehr windiger Tag und der aufgewirbelte Sand tauchte alles in ein diffuses Licht, was dem Ort eine eigentümliche, mystische Atmosphäre verlieh.

≪ Das von Marco Polo beschriebene Kara-Koto wurde im Jahr 1032 gegründet und versinkt heute im Sand der Inneren Mongolei.

Ertrinken in der Wüste

Die riesigen Trockenflüsse und gigantischen Trockenflusslandschaften mit ihren teils Hunderte, teils Tausende Kilometer langen Flussbetten – in der Sahara »Wadi«, in Hausa, der am meisten gesprochenen Handelssprache im westlichen Zentralafrika »Kori«, in Australien »Creek«, in Nordamerika »Wash« oder ebenfalls »Creek«, in Lateinamerika »Arroyo« genannt – zeugen bis heute von den einstigen Feuchtperioden in den Wüsten dieser Erde. Häufig finden sich entlang dieser Wadis, wie ich sie sprachübergreifend nenne, Pisten und Siedlungen, weil es dort immer noch Grundwasser gibt. Und bis heute folgt etwaiges Wasser diesen vor Jahrtausenden geschaffenen Flussbetten. Da der Wüstenboden Wasser nicht schnell genug oder kaum aufnehmen kann, schwellen heftige Regengüsse, die in der Wüste zwar höchst selten, aber durchaus vorkommen, oder ergiebige Regenfälle in ihren Randgebieten in den vorgeformten Betten zu einem mächtigen Fluss an.

»In der Wüste ertrinken mehr Menschen als darin verdursten«, lautet denn auch ein Sprichwort der Tuareg. Das ist keineswegs ironisch, sondern durchaus ernst gemeint. In jedem Reiseführer steht, dass man sein Nachtlager nicht in einem Wadi aufschlagen soll, mag es im Moment noch so knochentrocken sein. Doch immer wieder ignorieren Wüstenreisende diesen Rat und bezahlen ihren Leichtsinn mit dem Leben. Jedes Jahr ertrinken Menschen – erstaunlicherweise nicht nur Touristen, sondern auch Einheimische – vor allem in der Namib und deren Randgebieten. In dieser kleinen Wüste gibt es recht viele

Riviere, wie Trockenflussbetten dort genannt werden, und aufgrund der Nähe zu den tropischen Nachbarländern Angola und Sambia »laufen« diese verhältnismäßig oft, wie die Namibier sagen. Wer glaubt, das Wasser in einem gerade noch trockenen Flussbett käme zunächst als ein Rinnsal daher oder würde sich frühzeitig durch ein Rauschen ankündigen, sodass genug Zeit bliebe, sich auf sicheres Terrain zurückzuziehen, irrt gewaltig: Das Wasser kommt springflutartig und reißt alles mit sich, was im Weg steht oder liegt – auch Autos samt Insassen. Im Jahr 1997 beispielsweise kamen bei einer gut drei Meter hohen Sturzflut im Lower Antelope Canyon im Wüstenstaat Arizona in den USA auf einen Schlag elf Touristen ums Leben.[30] Auch außerhalb von Canyons erreicht manche Flutwelle eine Höhe von mehreren Metern.

Unverhoffte Erfrischung

Eine solche Sturzflut wünscht sich keiner, aber ein erfrischendes Bad wäre ab und zu schon schön. Vor allem dann, wenn man bei über 40 Grad unter einem Wagen liegt und am Auspuff rumbastelt, so wie ich 1985 in Mali. Zwei Tuareg-Jungs beobachteten mich bei meinem Tun. Nach einer Weile rief einer: »Piscine!« Schwimmbad? Hier? Verwundert robbte ich unter dem Auto hervor. Sicher hatte ich mich verhört. Mit übertrieben zweifelnder Miene machte ich Trockenschwimmübungen, doch die beiden nickten und bedeuteten mir, ihnen zu folgen. Ich zögerte, denn zum einen wollte ich das Auto ungern unbeaufsichtigt zurücklassen, zum anderen mussten bald meine Freunde auftauchen, die in einem zweiten Wagen fuhren und bestimmt irritiert wären, wenn sie mein Auto ohne seinen Fahrer vorfänden. Schließlich siegte meine Neugier, was das wohl für ein Schwimmbad sein mochte, von dem die Jungen sprachen. Wir marschierten über ein Geröllfeld mit unzähligen spitzen Steinen, und ich wollte mir gar nicht ausdenken, was ich mir alles aufschürfen, zerren oder gar brechen konnte, wenn ich hier umknickte.

Mittlerweile waren wir seit einer halben Stunde unterwegs, die Sonne brannte gnadenlos herab, und jetzt ging es auch noch über riesige Gesteinsblöcke steil bergauf. Ich fragte mich immer öfter, ob die beiden sich einen Spaß mit mir erlaubten. Fünf Minuten, sagte ich mir, fünf Minuten würde ich ihnen noch folgen, und keine Sekunde länger. Da verschwand zuerst der eine, dann der andere, als hätte der Boden sie verschluckt. Vorsichtig und in kleinen Schritten näherte ich mich der Stelle, an der sie abgetaucht waren – und stellte überrascht fest: Sie waren im wahrsten Sinn des Wortes abgetaucht. Etwa vier Meter unter mir lag zwischen den Felsen eine Guelta. Mir fehlte der Mut, zu springen, wie meine beiden Guides es getan hatten, denn das Wasser war so trüb, dass man nicht einmal erkennen konnte, was sich direkt unter der Oberfläche verbarg. Ich kletterte nach unten und glitt vorsichtig in den Tümpel. Das Wasser war überraschend frisch, himmlisch! Vergessen das zurückgelassene Auto, vergessen die Freunde, die sich womöglich Sorgen machten. Erst als ich das Gefühl hatte, gut durchgekühlt zu sein, machte ich mich auf den Rückweg.

Regen – nicht immer ein Segen

Die Desertifikation durch den Menschen gibt es schon viel länger als den Klimawandel. Der Bevölkerungsdruck in der Sahelzone ist dank besserer Human- und Veterinärmedizin derart groß – drei Prozent Bevölkerungswachstum, das heißt: Verdopplung der Bevölkerung innerhalb von 30 Jahren –, dass die Menschen immer mehr Richtung Wüste vordringen und die ohnehin schon schwache Vegetation an ihren Rändern übernutzen. Rund um die Dörfer in der Dornbuschsavanne sieht man oft keinen einzigen Grashalm mehr. Der Wind hat dann leichtes Spiel, die ohnehin dünne Ackerkrume zu verwehen und den Boden auszutrocknen. Nicht nur der Lebensraum der Bauern, auch der von Nomaden und ihren Tieren wird dadurch zerstört. Ein Problem mit massiven sozialen Folgen; die fortschreitende Desertifikation führt nicht zuletzt auch dazu, dass sich viele Menschen auf den Weg Richtung Europa machen.

Der Klimawandel hat hingegen, nach allem, was man bislang weiß, vergleichsweise wenig Einfluss auf die Desertifikation. In der Sahelzone, wo die großen Dürren in den 1970er-, 1980er-Jahren Millionen von Todesopfern gefordert hatten – zuletzt Mitte der 1980er-Jahre in Äthiopien –, beobachtet man seit einiger Zeit stellenweise eine Rückkehr der früheren Vegetation. Die Niederschläge der letzten Jahrzehnte waren dort so ergiebig, dass inzwischen immer öfter das Schlagwort »grüner Sahel« fällt. Physikalisch lässt sich das so erklären, dass wärmere Luft mehr Wasser binden kann. Für die Menschen dort ist das ein Segen,

Das Fällen von Bäumen ist im Sahel offiziell verboten, wird aber von Viehzüchtern praktiziert, um den Weidetieren Nahrung zu verschaffen.

weil die Nomaden nun wieder genügend Wasser für ihre Tiere haben und die Felder der Bauern ausreichend Niederschläge abbekommen. Es gibt Gebiete in der Sahara, die die Nomaden über 100 Jahre lang nicht nutzen konnten und in die sie nun zurückkehren können.

Der Regen tut allerdings nicht immer und überall Gutes. Im Jahr 2007 gab es in weiten Teilen der Sahelzone derart heftige Überschwemmungen, dass mehr als 200 Menschen ums Leben kamen und Millionen obdachlos wurden. In manchen Regionen treten heute häufiger Gewitterstürme und Starkregen auf, die oftmals auch weit heftiger ausfallen als früher. Doch wie wir aus eigener Erfahrung aus dem extrem trockenen Sommer von 2018 in Mitteleuropa wissen, versickern solche Sturzfluten ungenutzt in den ausgedörrten Böden. Es gibt zudem in der Sahara und der Sahelzone keine Regenwasserspeicher. Der Meteorologe

Das Einschlagen von Brenn- und Bauholz ist neben der Überweidung eine der Ursachen für Wüstenbildung im Sahel.

Chris Taylor vom Zentrum für Ökologie und Hydrologie in England und seine Kollegen beobachteten eine weitere, schwerwiegende Entwicklung: Die Niederschläge gehen innerhalb kürzerer Zeit nieder, wodurch die Pausen zwischen den Regenfällen länger werden und der Boden noch mehr austrocknet.[31]

So ist es letztlich eine Kombination aus Desertifikation und Klimawandel, die dazu führt, dass sich die Sahara in die Sahelzone hineinschiebt und diese wiederum nach Süden vorrückt. Wobei meines Erachtens die Übernutzung durch den Menschen den weit größeren Anteil an diesem Geschehen hat. So ist es ja auch beispielweise in Südspanien. Weite Gebiete in Andalusien werden gerade zur menschengemachten Wüste. Rund um El Ejido etwa sind 350 Quadratkilometer mit Gewächshäusern bebaut, was der Region den Beinamen »mar del plástico« (Plastikmeer) einbrachte.[32] Über der Erde sieht man vor lauter Plastik nichts von der Desertifikation, und die Gemüsebauern argumentieren, dass der Boden ohnehin steinig und karg war. Das Problem liegt aber unter der Erde, denn die Gewächshäuser stillen ihren Wasserbedarf aus jahrtausendealtem Grundwasser.

Erst warten, dann sprießen

Der Filmklassiker *Die Wüste lebt* von Walt Disney vermittelt den Eindruck, dass ein einziger Regenschauer genügt, um die Wüste in ein Blumenmeer zu verwandeln. Tatsächlich aber »warten« etliche Wüstenpflanzen, wie zum Beispiel die Mittagsblumen, erst einmal ab, ob da noch mehr kommt. Diese sogenannten ephemeren Pflanzen, die innerhalb einer sehr kurzen Zeitspanne sprießen, blühen und danach absterben, überdauern oft Jahre als Samen, Knollen oder Zwiebeln und erwachen erst dann zum Leben, wenn der Boden nach ausreichend Niederschlägen feucht genug ist und wenn die keimungshemmenden Stoffe, die in der Samenschale stecken, herausgewaschen wurden. Ein einzelner Schauer genügt dafür nicht, es bedarf schon lang anhaltender Regenfälle. Dann aber durchlaufen sie ihren Vegetationszyklus im Turbogang und lassen die Wüste erblühen. Um ihren Fortbestand zu sichern, erzeugen einige dieser Pflanzen eine große Anzahl Samen mit Haaren oder Widerhaken, die sich ineinander verfangen und eine Art Kugeln bilden, die der Wind in der Wüste verteilt oder die im Fell von Tieren hängen bleiben und so verbreitet werden.

Eine andere Überlebensstrategie verfolgen die sogenannten Geophyten unter den ephemeren Pflanzen. Mit ihrem Erdspross, einer Knolle oder Zwiebel, die in 20 bis 30 Zentimeter Tiefe vor Temperaturschwankungen weitgehend geschützt im Boden steckt, besitzen sie eine Vorratskammer für Wasser und Nährstoffe. Sobald genügend Feuchtigkeit in diese Tiefe dringt, treibt das unterirdische Speicherorgan aus und bildet Blätter und

Blüten an der Erdoberfläche. Auch Geophyten müssen schnell sein, um die kurze Zeit des Überflusses voll nutzen zu können: Die Vorratskammer muss wieder mit Nährstoffen gefüllt werden, die für das Austreiben verbraucht wurden, Samen müssen ausgebildet werden, und wenn die Trockenheit einsetzt, werden noch rasch Nährstoffe aus den verwelkten Blättern zurück in das unterirdische Lager geholt.

Es gibt auch ephemere Tiere, die, ganz ähnlich wie ephemere Pflanzen, monate- oder gar jahrelang in der Erde ausharren und nur zur Fortpflanzung an die Oberfläche kommen. Manche Kröten und Frösche zum Beispiel. Sobald ihnen ihr Lebensraum nicht mehr feucht genug ist, graben sie sich in den Boden ein und verfallen in Trockenstarre. Erst bei erneutem Regen kommen sie wieder hervor und legen ihre Eier ab, damit ein neuer Lebenszyklus beginnen kann. Danach verschwinden sie wieder im Untergrund. Der australische Wasserreservoirfrosch sorgt außerdem vor und lässt sich in der Regenzeit volllaufen: In Hohlräumen im Unterhautgewebe und in der Harnblase sammelt er einen Wasservorrat an, und zwar in solch großen Mengen, dass er fast zu einer Kugel anschwillt. Mit dieser Wasserreserve kann er, im Uferschlamm eingegraben, notfalls bis zu fünf Jahre überleben. Durstige Aborigines nutzen diese Vorratshaltung, indem sie den Frosch ausgraben und durch leichten Druck dazu bringen, Wasser freizugeben. Das Tier übersteht das normalerweise unbeschadet, sofern es nicht seines gesamten Vorrats beraubt wird.[33]

Weil der Regen oft nur wenige Zentimeter in den Boden einsickert, nehmen viele Pflanzen das Niederschlagswasser durch ein oberflächennahes, weit verzweigtes Wurzelsystem auf. Wie viel Regenwasser die Pflanzen erhalten, ist von der Art des Untergrunds abhängig. Sand ist nur scheinbar trocken, in Wirklichkeit aber ein guter Wasserspeicher, da er Regen wie ein Schwamm aufsaugt. Zwar trocknet die oberste Schicht schnell ab, doch dann verhindern die großen Poren des Sandgefüges, dass das Wasser aus der Tiefe aufsteigt und an der Oberfläche verdunstet. Dünen sind also gute Wasserspeicher. Bereits 50 Millimeter Niederschlag pro Jahr reichen bei solchen Verhältnissen für ein bescheidenes Pflanzenwachstum aus, während auf dichten Tonböden mindestens 400 Millimeter fallen müssen. Dass Dünen trotzdem so spärlich bewachsen sind, liegt an den instabilen Geländeverhältnissen. Hier behaupten sich vor allem Gräser mit extrem langen Wurzeln.

Ein junger Baum kann nur wachsen, wenn der Sämling mehrere aufeinanderfolgende Jahre mit Wasser versorgt wird. Um endgültig Fuß zu fassen, müssen seine Wurzeln jedoch den Grundwasserspiegel erreichen. Die Bäume der Wüste sind also weniger vom Regenwasser als vom Grundwasser abhängig. Ein Blick vom Flugzeug aus zeigt denn auch, dass sie – Ausnahmen bestätigen die Regel – nicht willkürlich in der Wüste stehen, sondern an »Gunststandorten« wachsen, beispielsweise Tälern, in denen das Wasser nach einem Regen zusammenläuft und das Grundwasser auffüllt, oder entlang der Grundwasserströme, die von weither kommen und oftmals Trockenflusstälern folgen. Wegen des knappen Wassers wachsen Bäume sehr langsam. Die meisten dickstämmigen Bäume sind über 100 Jahre alt.

Pflanzen, die Wasser über lange Zeit hinweg in besonders großzelligem Grundgewebe speichern können, sind die Sukkulenten, deren bekannteste Vertreter die Kakteen sind. Ihr Trick besteht darin, dass sie während der heißen Tageszeit die Spaltöffnungen der Blätter schließen, um kein Wasser zu verlieren. Auch manche Gattungen der Aloen, Agaven, Bromelien, Begonien, Orchideen und andere zählen zu den Sukkulenten – oder auch nicht, je nachdem, wie ausgeprägt ihre Fähigkeit ist, Wasser zu speichern. Sukkulenten sind auf regelmäßige Niederschläge angewiesen, sodass sie in sehr trockenen Wüsten wie der Sahara weitgehend fehlen.

Der Lake Eyre – Farbwunder von kurzer Dauer

Wasser kann, wenn auch nur für kurze Zeit, eine Wüste mit zauberhaften Farben überziehen. Mancherorts verwandelt sich der Wüstenboden nach ergiebigem Regen tatsächlich wie in dem Film *Die Wüste lebt* innerhalb weniger Tage in einen farbenprächtigen Blumenteppich. In Namaqualand zum Beispiel, einer Region in Südafrika und Namibia, vollzieht sich dieses Naturwunder fast jedes Jahr Ende August, Anfang September und zieht unzählige Touristen an. Auf ein anderes von Wasser geschaffenes Farbspiel muss man deutlich länger warten, unter Umständen über 30 Jahre lang.

Die australischen Wüsten – im Sinne der englischsprachigen Definition – weisen eine relativ starke Vegetation auf, weshalb man denken könnte, sie seien reizvoller als andere Wüsten, doch das Gegenteil ist der Fall. Im Großen und Ganzen sind die *Deserts* des Fünften Kontinents extrem eintönig und eher langweilig, gäbe es da nicht das eine oder andere Juwel – wie alle paar Jahre den Lake Eyre im Süden der Simpson-Wüste. Oft sind es ja die »Ausnahmen von Wüste«, die eine Wüste sehenswert machen, wie die Blütenpracht von Millionen Blumen in Namaqualand oder in Australien eben ein See, oder Kontraste, ob es eine fruchtbare Oase inmitten eines Sandmeers ist, wie zum Beispiel Fachi in der Ténéré, oder das Aufeinandertreffen von hohen Dünen und Ozean, das in Mauretanien und ganz besonders in Namibia so traumhafte Bilder schafft.

Im Lake Eyre, einem Salzsee, sammelt sich das Wasser aus unzähligen Flüssen, hauptsächlich aus dem Bundesstaat Queensland, wie dem Cooper Creek, Georgina/Diamantina, Warburton, Neales und Macumba – in den meisten Jahren allerdings nur in der Theorie. Zwar entwässern 22 Prozent des gesamten Kontinents in das Lake-Eyre-Becken, womit es eines der größten internen Abflusssysteme der Erde ist, doch nur etwa alle zehn Jahre führen die Flüsse genug Wasser, um den Lake Eyre tatsächlich zu erreichen. Und noch weit seltener kommt es dazu, dass sich der See zur Gänze füllt. Als der britische Forschungsreisende Edward John Eyre im Jahr 1840 den »See« entdeckte, sah er nichts als trockenes Salz. Erst 80 Jahre danach tauchten erste Berichte auf, dass es in dieser Salzpfanne mitten im unwirtlichen *Outback* Wasser gebe, doch man hielt diese Beobachtungen für Sinnestäuschungen. Bis sich der See 1949 tatsächlich füllte. Seither feiern die Australier Wasser im Lake Eyre als nationales Ereignis.

Als es ab 2009 heftige Regenfälle und im Jahr 2011 sogar starke Überschwemmungen in Queensland gab, zeichnete sich ab, dass sich der Lake Eyre das erste Mal seit 33 Jahren endlich wieder komplett füllen würde. Wie Zehntausende Australier wollte auch ich mir dieses Naturschauspiel ansehen.

Es herrschte reger Andrang bei Trevor Wright, der aufgrund der immens großen Nachfrage nach Flügen über den See seine Flugzeugflotte von zwei auf 17 Maschinen aufgestockt hatte. Doch trotz des regen Flugbetriebs war Trevor entspannt und offen für meine Sonderwünsche: maximale Flughöhe, Flugroute nach meinen Vorgaben, eine ausgebaute Seitentür und Treibstoff für mehrere Flugstunden.

Um zehn Uhr bestiegen mein Freund Thilo Mössner und ich die kleine Maschine. Ich saß fest angeschnallt hinter dem Piloten an der nicht vorhandenen Seitentür. Erst als wir abhoben, wurde mir so richtig klar, welch perfekte Flug- und Fotobedingungen an diesem Wintermorgen herrschten. Die Luft war glasklar, es war windstill, und die Sicht betrug mehr als 200 Kilometer.

Zunächst ging es 25 Minuten über eintönige Wüste. Der einzige Lichtblick waren glitzernde Flussläufe, die sich ihren Weg durch die Einöde bahnten, bis sie schließlich ein Labyrinth aus Wasser-, Wüsten- und Salzflächen erschufen. Als wir die Halligan Bay am Westufer des Sees erreichten, erlebte ich aus 2000 Metern Höhe durch den Sucher meiner Kamera ein Spektakel aus Farben und Mustern, und ich verstand, warum die Australier den Lake Eyre als »Gottes Malkasten« bezeichnen. Ich dirigierte den Piloten zu den interessantesten Uferbereichen, dorthin, wo Flüsse sich in kleine Deltas auffächerten. Algen färbten die Salzflächen an einigen Stellen von tieforange über purpurrot bis violett. An anderen bildete Seewasser in sämtlichen Grün- und Blautönen einen herrlichen Kontrast zu den grellweißen Salzbänken. Beinahe im Sekundentakt drückte ich auf den Auslöser und konnte ganz besondere Bilder schießen.

Inzwischen flogen wir 4000 Meter hoch, eiskalt blies der Wind in die Kabine. Der Pilot, in kurzen Hosen und T-Shirt, war selbst derart fasziniert von dem Ausblick, der sich ihm bot, dass er die Kälte und die dünne Luft offenbar gar nicht wahrnahm. Doch als ich nach zwei Stunden das Zeichen zur Rückkehr gab, drückte er die Maschine augenblicklich in einen steilen Sinkflug, um den Sauerstoffgehalt und vor allem die Temperatur in der Kabine schnell zu erhöhen, und flog uns in nur 30 Meter Flughöhe zurück nach William Creek.

Mit dem heranströmenden Wasser hatte die Salzpfanne eine faszinierende Umformung durchlaufen: Fische vermehrten sich wie im Zeitraffer und lockten unzählige Vögel an: Schwalben, Papageien, Finken, Wildenten, Ibisse und viele andere Arten. Der Biologe Richard Kingsford entdeckte sogar Seemöwen, Watvögel und eine Kolonie mit bis zu 100000 Pelikanen. Wie allerdings die an der Küste beheimateten Vögel davon erfahren, dass mitten in der Wüste, in Hunderten und Tausenden Kilometern

Entfernung, der Tisch überreich mit Fisch gedeckt ist, darauf haben die australischen Wissenschaftler bis heute keine Antwort.[34]

Mittlerweile liegt der Lake Eyre wieder so trocken da wie in dem Jahr, als ihn sein Namenspate entdeckte.

Wo geht's zur nächsten Tankstelle?

In meinem Schulatlas sah es so aus, als gäbe es in den Wüsten keine Straßen und keine größeren Ortschaften, und bis heute stellen sich die meisten Menschen die Wüsten menschenleer vor. So ist es natürlich nicht. Die Menschen konzentrieren sich dort nur auf die Oasen. Man verbindet Oasen üblicherweise mit der Vorstellung, dass da ein paar Dattelpalmen rund um eine Wasserstelle stehen, und das war's. Das kann, muss aber nicht so sein. Oasen können durchaus schmucke Städtchen mit mehreren Zehntausend Einwohnern und all der üblichen Infrastruktur sein.

Es gibt in der Wüste generell mehr Infrastruktur, als man gemeinhin denkt, von Ausnahmen wie zum Beispiel der Rub al-Khali abgesehen. Wenn man sich heute mal auf Google Maps in den Süden Algeriens oder in den Tschad hineinzoomt, wird man überrascht feststellen, wie viele Oasen es dort gibt. Wenn man den Hauptrouten folgt, etwa in Algerien der N1 über El Golea, In Salah und Tamanrasset nach Agadez in Niger, kommt man alle 200 oder 300 Kilometer durch eine Ortschaft. Fährt man allerdings 100 Kilometer westlich dieser Hauptroute, könnte man 2000 Kilometer durch die Wüste kurven, ohne auf einen einzigen Menschen zu treffen. Und wenn man es darauf anlegt, könnte man ziemlich sicher auch eine Strecke finden, auf der man auf den 6000 Kilometern vom Atlantik im Westen bis zum Roten Meer im Osten keinem einzigen Menschen begegnet.

Selbst im hintersten Turkmenistan oder Iran gibt es Pisten.

Es stehen zwar nicht überall große Wegweiser, aber es sind von allen Gebieten Straßenkarten erhältlich. Man kommt in ausreichenden Abständen an Benzin, wenn auch nicht immer an einer offiziellen Tankstelle aus einer Zapfsäule, sondern notfalls aus einem Fass im Hinterhof, wo ein kleiner Gemüsehändler den Sprit schwarz verkauft; bei jeder sich bietenden Gelegenheit zu tanken ist dennoch eine gute Idee. Auch Wasser zu bekommen ist in den allermeisten Fällen kein Problem. Der große Unterschied ist nur, dass man die »Nachschubstellen« in vielen Ländern nicht googeln kann. Dafür gibt es zahlreiche informelle Möglichkeiten, da die Wüstenbewohner ja auch zumindest Wasser und Nahrung brauchen, wenngleich nicht unbedingt Benzin.

In den 1980er-Jahren, als ich mit meinen Wüstenreisen begann und die Sahara erkundete, waren das Wegenetz und die Versorgungslage deutlich dürftiger. Für die Bevölkerung hatte die Erschließung der Sahara natürlich enorme Vorteile, für mich persönlich und sicher auch für manch anderen Wüstenreisenden hat sie dadurch allerdings an Reiz verloren. Man muss immer tiefer in die Sahara hineinfahren, die Straßen hinter sich lassen, um noch die ursprüngliche Wüste und traditionelles Leben zu finden. Im Tschad, einem der ärmsten Länder, ist die Wüste noch wie vor 30, 40, 50 Jahren.

In der Mongolei, in der es bei meinen ersten Reisen in diese Region kaum befestigte Straßen gab und man sich völlig frei bewegen konnte, werden seit einigen Jahren wegen der reichen Vorkommen an Kohle und Seltenen Erden und des großen wirtschaftlichen Vorwärtsdrangs sämtliche Provinzhauptstädte durch Asphaltstraßen miteinander verbunden; das ganze Land wird mit einem Verkehrsnetz überzogen. Das ist, als würde man eine Seilbahn zu jedem Berggipfel in den Alpen bauen, mit einem Panoramarestaurant an der Bergstation. In Zanskar, einer abgelegenen Hochgebirgswüste im westlichen Himalaja, baut die indische Armee nun Straßen, um ihre Nachschublinien an der Grenze zu Pakistan sicherer und winterfest zu machen. Mit den Straßen kommen Kasernen und in der Folge Händler, und bald wird der letzte Rest des traditionellen Lebens in Zanskar verschwunden sein.

Einen Naturschutzgedanken wie bei uns, der zu einer Alpenkonvention führte, und Rechtsmittel, die es ermöglichen, gegen Umweltzerstörung vorzugehen, gegen eine Seilbahn auf das Riedberger Horn oder die Rodung des Hambacher Forsts, gibt es in diesen Ländern nicht. Dort herrscht eine ungebremste, absolut wirtschaftsgetriebene Entwicklung, häufig durch fremde Mächte, allen voran China. China schickt sich an, weltweit ein neuer Kolonialherr zu werden. Auch in der Danakil in Äthiopien, bis vor Kurzem eine absolut wilde Gegend, verantwortet das Reich der Mitte nun große Straßenbauprojekte. Und China ist, das stelle ich immer wieder fest, völlig rücksichtslos in seinem Vorgehen.

Mit Unterkünften ist es hingegen so eine Sache. Hotels oder Vergleichbares wird man in der Wüste eher selten finden, außer in größeren Oasenstädten. In der Regel bieten die Herbergen enge, fensterlose Kabuffs mit durchgelegenen Betten und verwanzten Wolldecken, vom Zustand der Toiletten gar nicht zu reden. In solchen Absteigen empfiehlt es sich, sich im eigenen Schlafsack auf das Bett zu legen, selbst, wenn es noch so heiß ist, und den Schlafsack am nächsten Morgen ordentlich auszuschütteln.

Da ist es gut, wenn man ohnehin lieber im Freien übernachtet. Es gibt für mich nichts Schöneres, als in einer windstillen, klaren Nacht die Isomatte auf weichem, sandigem Untergrund auszurollen, mich in einen wärmenden Schlafsack zu legen und in den Sternenhimmel zu schauen, während ich darauf warte, dass mir die Augen zufallen. So einzuschlafen ist wunderschön.

Tankstelle in der Karakum-Wüste Turkmenistans. Mein Motorrad muss sich mit den angezeigten 95 Oktan zufriedengeben.

Wenn ich nachts mal kurz aufwache und wieder den herrlichen Sternenhimmel über mir sehe, sind das kleine Glücksmomente. Sollte ich mal auf die Toilette müssen, schlüpfe ich einfach aus dem Schlafsack und gehe ein paar Schritte. Ich muss nicht erst am Reißverschluss des Zelts herumfingern und auf allen vieren ins Freie krabbeln oder in völliger Dunkelheit zu einem WC oder einem Bad tappen, das in vielen Etablissements der Wüste nicht im Zimmer, sondern irgendwo auf dem Gang und meist nicht sonderlich einladend ist. Und das Aufwachen am Morgen ist einfach nur göttlich.

Ich werde immer sehr früh wach, meist noch vor der astronomischen Dämmerung, die etwa eineinhalb Stunden vor Sonnenaufgang beginnt und eine halbe Stunde dauert. Dann kann ich im Osten das sogenannte Tierkreis- oder Zodiakallicht sehen, ein kegelförmiges Gebilde aus leuchtenden interplanetarischen Staubteilchen. Auf die nautische Dämmerung – etwa 60 bis 30 Minuten vor Sonnenaufgang – folgt die bürgerliche Dämmerung. Dann bin ich in der Regel schon auf den Beinen, denn die Zeit um den Sonnenaufgang herum ist eine der interessantesten Phasen in der Landschaftsfotografie.

Giftig oder ungiftig – das ist hier die Frage

Eines der Dinge, die mir neben Wind und einem mit scharfkantigen Steinen übersäten Boden in der Wüste eine Nacht im Freien verleiden, sind Schlangen. In den amerikanischen Wüsten sind es Klapperschlangen, etwa die Tiger- und die Mojave-Klapperschlange, die beide in der Sonora- und in der Mojave-Wüste vorkommen und ein hochwirksames Gift besitzen. In ihrem Verbreitungsgebiet ist im Übrigen auch der Wegekuckuck zu Hause, der als Zeichentrickfigur *Road Runner* zu Berühmtheit gelangte. Australien ist dafür bekannt, dass sich dort viele Gifttiere tummeln, darunter Schlangen, Spinnen, Skorpione, Schnecken und Hundertfüßler. Der Inland-Taipan, im Deutschen auch Schreckensotter genannt, gilt gar als die giftigste Schlange der Welt.

Die meisten Schlangen in den afrikanischen Wüsten gehören zu den harmlosen Nattern, etliche aber auch zu den giftigen Vipern. Insbesondere die Wüsten-Hornviper ist gefürchtet. Ihren Namen verdankt sie den beiden spitzen, steil nach oben ragenden Hörnchen oberhalb der Augen, die aus jeweils einer Schuppe bestehen. Allerdings besitzen nicht alle Exemplare diese hervorstechenden Merkmale, was darauf schließen lässt, dass sie keine besondere Funktion erfüllen. Die Wüsten-Hornviper lebt überall dort, wo genügend Sand vorhanden ist, weshalb man sie auch Sandviper nennt. Durch kreisende Bewegungen ihrer Rippen gräbt sie sich in den Untergrund ein, sodass nur noch die Augen und die beiden Hörnchen aus dem Sand ragen. Auf diese Weise schützt sie sich einerseits vor den sengenden Sonnenstrahlen und ist andererseits gut getarnt. So kann sie stundenlang auf Beute lauern: Reptilien, Vögel und kleine Nagetiere, die sie durch einen schnellen Biss und ihr hochwirksames Gift tötet.

In Wüsten ist nicht nur die Artenvielfalt geringer, es gibt auch weniger Exemplare der einzelnen Arten. So hatte ich bis heute nur eine Handvoll Begegnungen mit Schlangen. Die erste fand erst nach vielen Wüstenreisen 1990 in der Ténéré statt. Ich hatte kein Zelt aufgestellt, sondern mich im Freien in meinen Schlafsack gelegt, um in den Sternenhimmel schauen zu können. Als ich am Morgen aufwachte, sah ich, dass sich eine Hornviper direkt neben mir zusammengerollt hatte. Dass sie friedlich schlief, beruhigte mich nur geringfügig. Vorsichtig, um sie nicht zu wecken, rollte ich mich von ihr weg. Erst als ich mich in sicherer Entfernung fühlte, kroch ich aus dem Schlafsack. Es dauerte sieben Jahre, bis ich in der Namib wieder auf eine Schlange traf. Genauer: um ein Haar auf eine Korallenschlange *trat,* als ich aus dem Auto ausstieg. Zum Glück reagierte das Tier schneller als ich und brachte sich in Sicherheit, statt anzugreifen. Beim nächsten Mal, wieder in der Namib, war es noch knapper. Da hätte mich fast eine Puffotter erwischt, als ich Feuerholz an ihrem Erdloch sammelte. Seither bin ich bei meiner Suche nach Holz sehr vorsichtig, denn der Giftvorrat einer Puffotter reicht aus, um vier bis fünf Menschen zu töten. Wiederum einige Jahre später, 2013, und wieder in der Namib, wollte ich gerade meine Isomatte auf dem Boden ausrollen, als Jörg in seiner trockenen Art sagte: »Da liegt eine Schlange.« Erst da bemerkte ich die perfekt getarnte Korallenschlange. Umgehend packten wir unsere Sachen wieder ins Auto und fuhren zehn Kilometer weiter. Selbst dann fühlte ich mich noch nicht sicher genug und zog es vor, im Zelt zu schlafen. Das blieb auch die nächsten Tage so.

Reptilien sind von allen Tieren am ehesten an die Trockenheit angepasst, da ihre Hornschuppenhaut sie wirksam vor Austrocknung schützt und sie ihren Wasserbedarf meist allein durch die Nahrung decken können. In der riesigen Sahara mit ihren so unterschiedlichen Wüstenformen beispielsweise gibt es trotzdem nur 13 Schlangen- und 30 Echsenarten. Echsen – hauptsächlich Eidechsen, Warane, Agamen, Skinke und Geckos – sind am weitesten verbreitet, da sie am längsten in trockenen Gebieten ausharren können.

Eidechsen und Agamen, beides wechselwarme Tiere, heizen sich nach kalten Nächten in der Sonne auf, indem sie ihr ihre »Breitseite« zeigen, damit eine möglichst große Körperfläche bestrahlt wird. Tagsüber drehen sie ihren Körper dann parallel zur Richtung der Sonnenstrahlen. Agamen regeln die Körpertemperatur zusätzlich dadurch, dass sie ihre Farbe ändern. Die Dornschwanzagame ist am Morgen schwarz gefärbt, sodass die Sonnenstrahlung optimal absorbiert wird. Im Lauf des Vormittags wird die Färbung gelb bis rötlich, weil sich das schwarze Pigment zurückzieht und die jeweilige Grundfärbung hervortritt.

Einige Tierarten begegnen den teils extremen Temperaturunterschieden, indem sie unterirdisch leben, denn nur 30 Zentimeter unter der Sandoberfläche liegt die Temperatur ziemlich konstant bei angenehmen 25 Grad. Der Apothekerskink – er verdankt seinen Namen der Heilwirkung bei verschiedenen Krankheiten, die ihm im Altertum zugesprochen wurde – hat sich an ein solches Leben hervorragend angepasst: Seine keilförmige Schnauze und sein glatter, stromlinienförmiger Körper mit eng anliegenden Schuppen ermöglichen ihm eine schnelle Fortbewegung in feinem Sand knapp unterhalb der Oberfläche. Er »schwimmt« quasi im Sand, was ihm auch den Namen »Sandfisch« eingetragen hat.

Auch viele Spinnentiere haben sich perfekt an die Wüstenbedingungen adaptiert. Die bekanntesten Spinnentiere der Wüste – und ebenso wie die Schlangen wegen ihres Gifts gefürchtet – sind die Skorpione, urtümliche Tiere, deren Körperbau sich seit

Millionen von Jahren kaum verändert hat. Sie können, wie auch Schlangen, bis zu einem Jahr ohne Nahrung auskommen. Dasselbe gilt für Walzenspinnen, die keine »echten« Spinnen sind, sondern zur Ordnung der Skorpione zählen. Sie sind zwar nur schwach giftig, ihre Bisse dafür aber äußerst schmerzhaft. Auf der Suche nach Nahrung bei Nacht nähert die Walzenspinne sich dem Feuer, um in dessen Nähe Motten und Falter zu jagen, scheut aber auch vor größerer Beute wie Eidechsen oder Nagetieren nicht zurück. Wird sie gestört, geht sie zum Angriff über und kann dann bis zu einem halben Meter hoch springen.

Pasta, Pesto und Kamelmilch

Oft werde ich gefragt, ob ich auf meine Wüstentouren Astronautennahrung mitnehme. Am liebsten würde ich dann antworten: »Hey, ich reise nicht auf den Mond.« Aber mir ist natürlich klar, dass eine solche Frage dem Wüstenklischee geschuldet ist, das sich aus Hollywoodfilmen wie *Der Flug des Phönix* nährt.

Ein einziges Mal hatte ich tatsächlich Weltraumkost dabei. Das war bei einer Skitour durch die Ostantarktis. Die extrem leichte Astronautennahrung war damals die optimale Lösung, denn wir mussten an Gewicht sparen, wo es nur ging. Zur Zubereitung reichte ein kleiner Benzinkocher, auf dem wir Schnee schmolzen, um das Pulver damit anzurühren. Und Wasser stand in Form von Schnee und Eis genügend zur Verfügung.

Im Allgemeinen ist die Versorgungslage in der Wüste nicht so schlecht, wie viele Leute denken. Seit ich mit dem Motorrad reise, beschränke ich die Mitnahme auf das Nötigste, das heißt zwei, drei Mahlzeiten und etwa 20 Liter Wasser. Und offensichtlich bin ich bislang weder verhungert noch verdurstet. In den USA und auch in Teilen Australiens steht selbst in Wüstenregionen in jeder Ortschaft ein Supermarkt, in dem man sich mit allem eindecken kann, was das Herz begehrt. Im Rest der Welt bekommt man in den Oasen verschiedenstes Obst, dazu Gemüse, Kartoffeln, Reis, Nudeln, Fleisch und einiges mehr, natürlich vieles unverpackt und keine Barilla-Spaghetti. Verhungern wird man jedenfalls nicht. Die Auswahl ist jedoch begrenzt; ein Müsli zum Beispiel wird man vergebens suchen – was mich persönlich nicht weiter stört, da ich auch zu Hause keines esse.

Worauf ich allerdings nicht verzichten kann, ist Kaffee; ich bin bekennender Kaffee-Junkie, daher gehört Espressopulver zu meiner Standardausrüstung. Ebenso Pesto und Senf – zum einen, weil sich damit notfalls alles Mögliche aufpeppen lässt, von Crackern über trockenes Brot bis hin zu Nudeln, Reis und Kartoffeln, zum anderen, weil ich nicht wochenlang auf den Geschmack verzichten will. Ich sehe regelrecht vor mir, wie manche Leser nun die Nase rümpfen, weil sie der Meinung sind, dass man auf Reisen das essen sollte, was die Einheimischen essen. Weitergesponnen würde das bedeuten, dass ich mir beispielsweise in der Sahara oder der Sahelzone auch ein *Tekatkat* überwerfen müsste, das bis zu den Knöcheln reichende Übergewand der Tuareg – höchst unpraktisch, wenn man mit dem Motorrad unterwegs ist.

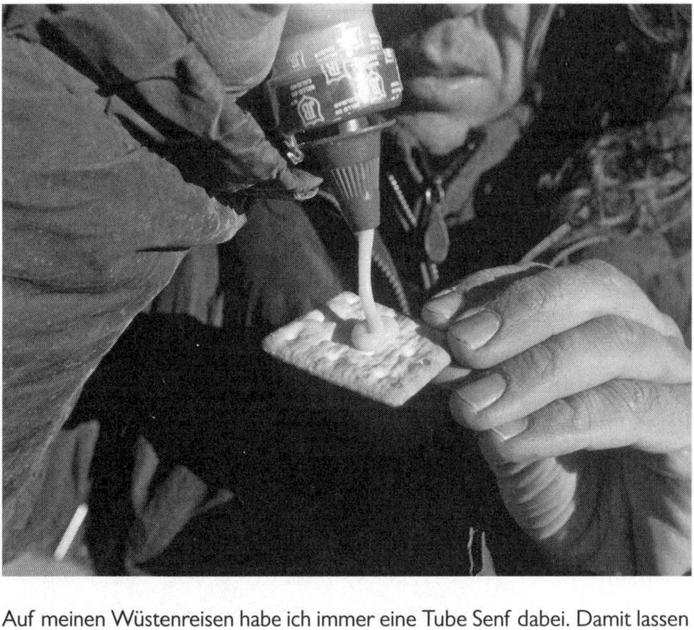

Auf meinen Wüstenreisen habe ich immer eine Tube Senf dabei. Damit lassen sich auch staubtrockene Kekse schmackhaft machen.

Und warum sollte ich Ziegenkäse oder Hirse essen, wenn sie mir nicht schmecken? Oder Dinge probieren, gegen die ich einen enormen Widerwillen habe, wie zum Beispiel gegrillte Meerschweinchen, ein »Leckerbissen« im Andenhochland, oder geröstete Heuschrecken, ein beliebter Snack in der Sahelzone? Ich verlange ja auch nicht, dass meine Freunde aus Afrika Weißwürste oder Leberkäse essen und Weißbier trinken, wenn sie mich in München besuchen. Geschmäcker sind nun mal verschieden, und das ist auch gut so. Man mag mich heikel schimpfen, aber Tatsache ist, dass mir nur wenige der typischen Wüstennahrungsmittel munden. Datteln zum Beispiel esse ich gern, allerdings nicht in der Wüste, denn die guten Früchte gehen in den Export, sodass in den Oasen in der Regel nur kleine, verhutzelte, wurmstichige Exemplare im Angebot sind. Sehr lecker finde ich den Minztee in Marokko oder den berühmten Tuareg-Tee.

Für ihre Teezeremonie, die sie mindestens dreimal täglich zelebrieren, legen die Tuareg ein paar wenige glimmende Holzstücke in ein Drahtgeflecht und stellen die Teekanne auf das Kohlebett. In der Kanne befinden sich Blätter eines chinesischen grünen Tees mit der Endnummer »71« – nie habe ich einen anderen gesehen –, ein paar Minzblätter und ein großes Stück Zucker, das von einem Zuckerhut abgebrochen wurde. Sobald der Tee heiß ist, wird er so oft aus großer Höhe in ein Glas gegossen und wieder zurück in die Kanne geschüttet, bis sich im Glas eine hohe Schaumschicht gebildet hat. Jetzt ist der Tee für die erste Runde fertig, denn es werden stets drei Gläser getrunken: »Das erste Glas bitter wie der Tod, das zweite durchwachsen wie das Leben, das dritte süß wie die Liebe«, sagen die Tuareg. Für das zweite und dritte Glas wird etwas Tee, der vom vorherigen Aufguss zurückbehalten wurde, und Wasser in die Kanne nachgefüllt. Beim dritten Glas ist der Tee bereits deutlich dünner, für unseren Geschmack jedoch trotz viel Zucker immer noch recht bitter.

Bei der Gelegenheit möchte ich auch gleich mit einem Vorurteil aufräumen: Einheimische fühlen sich keineswegs vor den Kopf gestoßen, wenn man eine Speise oder ein Getränk ablehnt. Vorausgesetzt, man tut es höflich und verzieht nicht angewidert das Gesicht. Wem sich schon beim Geruch von Buttertee, dieser höchst kuriosen Mischung aus Tee, Yakmilch und Salz, oder dem Anblick eines gegrillten Schafskopfs der Magen umdreht, muss sich also nicht dazu zwingen, sie zu probieren.

Das Kamel – eine »Gottesgabe«

Das Kamel ist *das* Symboltier der Wüste schlechthin, genauer: das »Altweltkamel«. Die Kamele der Alten Welt unterscheiden sich von ihren Vettern in der Neuen Welt, den Alpakas, Guanakos, Lamas und Vikunjas, schon äußerlich erheblich: Sie sind deutlich größer und haben Höcker – das Dromedar einen, das Trampeltier zwei.

Das Kamel hat eine Fülle außerordentlicher Anpassungen an seinen extremen Lebensraum vorgenommen, sowohl was sein äußerliches Erscheinungsbild als auch was seinen Stoffwechsel betrifft, und ist für die Wüstenbewohner das wichtigste Nutztier. Es stellt nicht nur Milch, Fleisch und Wolle zur Verfügung, es sicherte früher auch den Handel über Tausende von Kilometern und ist dank seiner Resistenz gegenüber tödlichen Tierkrankheiten unentbehrlich für die Wüstenvölker. Nicht verwunderlich ist es deshalb, dass die Beduinen das Kamel »Gottesgabe« nennen.

Die vielseitige Verwendung durch den Menschen hat verschiedene Rassen hervorgebracht. Die Araber unterscheiden zum Beispiel rund 20 Dromedarrassen, die in ihrem Wert und ihrer Nutzbarkeit ungemein unterschiedlich sind. Die plumpen, niedriger und klobiger Gebauten stellen die Lasttiere; die schlanken, eleganten und hochbeinigen Geschöpfe sind ideale Reittiere. Sie allein meistern die großen Wüstendurchquerungen. Besonders schnelle und wendige Dromedare sind durchaus vergleichbar mit edelsten Rennpferden und erzielen entsprechende Preise: Eine Million Euro und mehr werden bei Versteigerungen aufgerufen – für *ein* laufstarkes Kamel.

Es gibt etwa 20 Millionen Kamele, davon sind zwei Millionen Trampeltiere. Alle Dromedare und fast alle Trampeltiere sind domestiziert. Was in Australien durchs *Outback* läuft und zum Ärgernis der Rinderfarmer ein »verwildertes« Dasein führt, sind die Nachfahren einstiger Last- und Arbeitstiere, die man mit dem Aufkommen des Lastwagens einfach in die Wildnis schickte. Lediglich etwa 600 bis 800 »echte« Wildkamele, genauer Trampeltiere, gibt es noch, damit zählen sie zu den am stärksten vom Aussterben bedrohten Tierarten der Welt. Sie leben im Südwesten der mongolischen Gobi und in Chinas westlichster Provinz Xinjiang. Diese Wildkamele sind kleiner und schlanker als die Haustierform, besitzen kleine spitze Höcker und trinken ausschließlich Salzwasser. In beiden Gebieten stehen sie unter Schutz, in der Mongolei im Naturreservat Southern Altai Gobi, wo es seit 2003 auch ein Erhaltungszuchtprogramm gibt, und in China im Naturreservat Xinjiang Lop Nur.

Kamele sind Tiere der baumarmen, trockenen Zonen. Ihre Nahrung besteht aus der harten, wasserarmen Steppenflora. Neben dem spärlichen, nur in der feuchteren Jahreszeit zur Verfügung stehenden Steppengras fressen sie Binsen, Rinde, Krautpflanzen und so ziemlich alles, was Stacheln hat, wie der Had- und der Dornstrauch. Offensichtlich bevorzugen sie gerade solche Pflanzen. Nicht einmal die harten, spitzen Dornen der Akazien schrecken sie ab. Oftmals müssen Kamelbesitzer ihre mattenverhängten Hütten vor dem Appetit der Kamele schützen, die – unbeaufsichtigt – auch Flechtkörbe und Palmenzäune verzehren. Die Tiere sind ganz offensichtlich hervorragende Futterverwerter. Mit ihren langen Wimpern und den Haaren rund um das Maul bestäuben sie außerdem Büsche, Gras und Bäume.

Kamele besitzen keine Hufe, sondern bewegen sich auf Schwielen – Hautverdickungen, die aus Fett und elastischem Bindegewebe bestehen. Diese anatomische Besonderheit, die schützt und polstert, verhindert, dass die Tiere zu tief in den Sand einsinken und dass die Hitze des Sandes bis in die Beine dringt. Kamele bewegen sich meist im Energiesparmodus, sprich im Passgang, bei dem das Vorder- und das Hinterbein einer Seite gleichzeitig nach vorn bewegt werden.

In der Regenzeit können Kamele monatelang ihren gesamten Flüssigkeitsbedarf über Grünpflanzen decken, und sie überstehen extreme Durststrecken von bis zu drei Wochen. Sie ertragen einen Wasserverlust von 40 Prozent, ohne Schaden zu nehmen, und können ihren Wasserhaushalt durch einmaliges Trinken in kürzester Zeit wieder ausgleichen. Kamele sollen in 15 Minuten 200 Liter Wasser aufnehmen können, was bei jedem anderen Säugetier den Tod nach sich zöge, da die roten Blutkörperchen platzen würden. Diesem Schicksal entgeht das Kamel, indem es das Wasser zunächst in drei Vormägen mit 800 großen Speicherzellen einlagert und dann die ausgetrockneten Körperzellen nach und nach auffüllt. Außerdem können sich seine roten Blutkörperchen auf das 200-Fache aufblähen und so viel Flüssigkeit aufnehmen. Dass das Kamel Wasser im Höcker bevorratet, ist hingegen ein Irrtum. Die Höcker bestehen hauptsächlich aus Fett, das bei Futtermittelknappheit in Energie umgewandelt wird. Geschrumpfte Höcker sind also ein Indiz für einen schlechten Ernährungszustand, nicht für Wassermangel.

Kamele können zwar keinen Wasservorrat anlegen, besitzen aber wirksame Mechanismen, um das kostbare Nass nicht zu vergeuden. Bei den meisten Säugetieren, also auch beim Menschen, wird durch das Schwitzen viel Wasser dem Blut entzogen, das dadurch stark eindickt. Beim Kamel hingegen stammt das »Schwitzwasser« hauptsächlich aus dem Verdauungstrakt. Dadurch bleibt das Blut dünnflüssig und der Kreislauf funktionstüchtig. Selbst beim Harnen und Koten sparen die Kamele Wasser. Während beispielsweise Kühe über den Kot 20 bis 40 Liter Flüssigkeit pro Tag verlieren, sind es bei Dromedaren nur 1,3 Liter, weil besondere Zellen im Enddarm dem Kot Flüssigkeit entziehen.

Wichtig für den Wasserhaushalt sind auch die Funktion und die Struktur der Kamelnieren: Die sogenannten Henleschen Schleifen sind vier- bis sechsmal länger als die des Rinds. Diese Schleifen beziehungsweise ein Teil davon dient der Konzentration von Harn. Je länger die Schleife, umso langsamer der Urinfluss und desto konzentrierter der Urin. Ausgetrocknete Kamele setzen nur tropfenweise stark eingedickten Urin ab, sichtbar an den weißen Kristallstreifen an Schwanz und Beinen. Diese spezielle Bauart der Nieren ist auch der Grund dafür, dass Kamele Wasser mit einem Salzgehalt von über drei Prozent aufnehmen und sich von salzhaltigen Pflanzen ernähren können. Denn so arm an Wasser Wüstenböden sind, so reich an Salz sind sie häufig. Darauf haben sich auch manche Pflanzen eingestellt, etwa verschiedene Quellerarten. Salzpflanzen, Halophyten, speichern beispielsweise hohe Salzmengen in den Vakuolen, den mit Flüssigkeit gefüllten Hohlräumen in ihren Zellen, und scheiden überschüssiges Salz später über Drüsen aus oder wenn sie ihre Blätter abwerfen. Für Kamele ist diese Kost dank ihrer Nieren kein Problem.

Um die Körpertemperatur trotz Hitze auf 37 Grad zu halten, benutzen fast alle Säugetiere die bei der Verdunstung des Schweißes entstehende Verdunstungskälte. Beim Kamel kommt dieser Kühlmechanismus erst bei einer Körpertemperatur von 40 bis 42 Grad in Gang, was Flüssigkeit und Energie spart. Zusätzlich kann das Kamel seine Körpertemperatur bis auf 34 Grad absenken, in den kühleren Nächten somit Wärme abgeben und quasi einen »Kältevorrat« für den nächsten heißen Tag anlegen, was auch wieder Energie spart.

Als wäre dem nicht schon genug, hat die Natur dem Kamel eine ähnliche Klimaanlage wie den Addax- und den Oryxantilopen in die Nase eingebaut. Der norwegische Tierphysiologe Knut Schmidt-Nielsen fand heraus, dass Kamele über spezielle Membranen in ihren Nüstern bis zu 60 Prozent des Wasserdampfes ihrer Ausatemluft aufnehmen können. Die dadurch gewonnene Feuchtigkeit kühlt das Blut im Halsschlagadergeflecht, das seinerseits die Temperatur des Blutes in der zum Herzen führenden Halsvene senkt. Nach dem Gegenstromprinzip wird dabei auch das vom Herzen kommende Blut gekühlt, das die hitzeempfindlichen Gehirn- und Augenzellen versorgt. Dadurch werden Gehirn und Augen vor Überhitzung geschützt, und dies derart effektiv, dass sie um bis zu sechs Grad kühler sind als der Gesamtorganismus.

Kamel contra Motorrad

Das Kamel mag der wichtigste Begleiter der Wüstenbewohner sein, deren Überleben seit ewigen Zeiten von der Fähigkeit des »Wüstenschiffs«, den harschen Bedingungen in der Wüste zu trotzen, abhängig war. Dennoch habe ich bei meinen Wüstentouren zwar die gesamte Palette der Transportmöglichkeiten ausprobiert, aber ausgerechnet das Kamel außen vor gelassen. Und das Fahrrad. Es gibt tatsächlich Touristen, die die Wüste mit einem Fahrrad bereisen. Für mich schied es schon wegen der geringen Nutzlast aus, zumal in der Anfangszeit, als ich noch zig Rollen mit Diafilmen und vor allem mehr Objektive als heute dabeihatte. Allein die Fotoausrüstung hätte da zwei Satteltaschen gefüllt. Auch die recht begrenzte Reisegeschwindigkeit sprach gegen das Fahrrad. Da ich meine Fotos in riesigen Gebieten mache, um ein großes Spektrum an Motiven abzudecken, hätte ich mich für ein paar Bilder wochenlang auf dem Fahrrad abstrampeln müssen. Und dafür fehlte mir nicht nur die Zeit, sondern auch der sportliche Ehrgeiz.

Gegen ein Kamel sprachen für mich als Fotografen noch viel mehr Argumente, trotz all seiner Vorzüge und obwohl es über Jahrhunderte *das* Transportmittel der Wüste schlechthin war. Es kann zwar schwerere Lasten tragen als ein Fahrrad, doch was die Geschwindigkeit der Fortbewegung angeht, ist es auch nicht gerade der Renner: Ein Lastkamel schafft nur etwa 20, 30 Kilometer am Tag. Außerdem kann man nicht einfach ein Kamel mieten und damit losziehen, sondern muss auch noch einen Kamelführer engagieren. Dazu kommt, dass man sich morgens oder nach einer Rast zwischendurch nicht einfach auf seinen Rücken schwingen und lostraben kann. Genauso wenig, wie man mal eben schnell abspringen kann. Sowohl das Auf- als auch das Absteigen sind zeitraubende Prozeduren, für die man das Tier erst einmal dazu bringen muss, auf die Knie zu gehen. Keine einfache Sache, denn Kamele sind unglaublich störrisch. Und das ist nicht ihr einziger unschöner Charakterzug.

Ilija Trojanow hat ihr Wesen in seinem Roman *Der Weltensammler* treffend beschrieben:

> Auf Reisen wie dieser war jeder oft allein mit sich selbst und mit seinem Dromedar, diesem mürrischen, widerspenstigen Tier, dessen einzige freundliche Geste aus einem gelegentlichen Furz bestand. Sheikh Abdullah feindete sich umgehend mit seinem Dromedar an, das seinem Ruf als geduldigem Wesen widersprach. Es war bösartig, unbeherrschbar, manchmal sogar gefährlich. Es misstraute allem Unbekannten, und die Laute, die es von sich gab, ob das schnaubende Stöhnen oder das teils wehleidige, teils verdrießliche Blöken, waren unerträglich. Es beschwerte sich über jedes Kilo, das ihm aufgeladen wurde. Am ersten Abend richtete Sheikh Abdullah einige abfällige Bemerkungen über das Reittier an den Tiertreiber. Sie können doch gut mit Menschen umgehen, Sheikh, antwortete ihm dieser, Dromedare sind nicht anders als Menschen. Wenn sie jung sind, wissen sie nicht, wie sie sich zu benehmen haben. Als Erwachsene sind sie gewalttätig und unkontrollierbar, in der Brunftzeit, da wittert das Männchen ein williges Weibchen aus zehn Kilometer Entfernung, da wird es bockig, seine Zunge bibbert. Und mit dem Alter werden sie zänkisch, rachsüchtig und verdrossen.[35]

Während eines Kamelritts scharfe Fotos zu schießen ist praktisch ein Ding der Unmöglichkeit, weil man wegen des Passgangs der

Tiere ständig hin und her schwankt wie in einem Boot, das vor sich hin dümpelt. Nicht umsonst nennt man sie »Wüstenschiffe«.

Für einen »normalen« Touristen hingegen kann eine Kameltour durch die Wüste eine besondere Erfahrung sein. Zum einen ist es unbestritten ein sinnliches Erlebnis, auf einem Kamel durch die Wüste zu reisen. Es ist, als wäre man aus der Zeit gefallen, als könnte man hinter der nächsten Düne Peter O'Toole als Lawrence von Arabien oder Omar Sharif als Sherif Ali Ibn El Kharisch gegenüberstehen. Zum anderen scheint die gemächliche Gangart der Tiere die Zeit zu verlangsamen, sodass auch der Reiter zur Ruhe kommt und Hektik und Stress hinter sich lässt.

Wenn ich mich für ein Tier als Transportmittel entscheiden müsste, würde ich – jetzt spreche ich wieder als Fotograf – dennoch eher ein Pferd wählen. Bei einer Trekkingtour im Himalaja im Herbst 2018 begleiteten Pferde Elly und mich. Sie trugen das gesamte Gepäck, wodurch wir »unbeschwert« wandern konnten. Das Packpferd mit meiner Fotoausrüstung lief immer direkt neben mir – beziehungsweise ich neben ihm –, sodass ich jederzeit nach meiner Kamera greifen oder das Objektiv oder den Filter wechseln konnte. Bei einem Kamel wäre das nicht möglich, weil die Packtasche trotz meiner Größe von 1,88 Meter außerhalb meiner Reichweite wäre.

Kamelmilch – das »weiße Gold« der Wüste

Für Wüstenbewohner von Mauretanien bis Dubai ist frisch gemolkene, noch warme Kamelmilch eine Delikatesse. Auch schreiben sie dem »weißen Gold« der Wüste enorme Wirkkräfte zu. Erkrankungen der Haut, des Darms, der Galle, des Magens und der Leber soll sie heilen oder zumindest lindern und das Immunsystem stärken. Da ich grundsätzlich keine Milch mag, kann ich mir kein Urteil über den Geschmack erlauben, sondern nur wiedergeben, was andere sagen. Demnach ist Kamelmilch leicht salzig und dickflüssig.

Der Privatdozent Dr. Dr. Ulrich Wernery, Wissenschaftlicher Direktor im Central Veterinary Research Laboratory, einer Regierungsinstitution für veterinärmedizinische Diagnostik und Forschung im Emirat Dubai, hatte schon vor vielen Jahren die Vision, Kamelmilch nach Europa zu exportieren, da sie drei- bis fünfmal mehr Vitamin C enthält als Kuhmilch, aber nur halb so viel Fett, und auch für Menschen mit Allergien und Laktoseunverträglichkeit geeignet ist. Um Kamelmilch profitabel produzieren zu können, mussten aber zunächst drei Probleme gelöst werden. Zum einen mussten erst »Milchkamele« gezüchtet werden, da Kamele normalerweise nur wenige Liter Milch pro Tag produzieren. Zum anderen mussten Melkmaschinen umgebaut werden, damit sie für die Euter von Kamelen passten. Zum Dritten musste ein Weg gefunden werden, die Stuten regelmäßig zu festen Zeiten zu melken. Die störrischen Viecher können nämlich ihre Milch zurückhalten, wenn ihnen etwas nicht passt, und es passt ihnen eigentlich dauernd irgendetwas nicht. Und dann

In keinem Wüstenland der Erde bin ich so häufig Kamelen begegnet wie in Mauretanien. Dort werden sie vor allem wegen ihrer Milch gehalten.

gab es noch das Problem, dass die EU Kamelmilch mit einem Importverbot belegte, da befürchtet wurde, sie könne die Maul- und Klauenseuche übertragen. Nun endlich darf, wenngleich unter strengen Auflagen, Kamelmilch aus arabischen Staaten importiert werden.

Reiche Städter der Sahara, der Sahelzone und der Arabischen Halbinsel schicken ihre Frauen und Kinder gern zur Kamelmilchkur *en brousse*. Bei den Franzosen kommt »en brousse« vornehmlich in der Redewendung »en plein brousse« vor, und das bedeutet »in der Pampa« oder »jwd«. Für die französischsprachigen Menschen der Sahara und der Sahelzone hingegen hat »en brousse« gar nichts Despektierliches, im Gegenteil. Wenn sie sagen, der Bürgermeister sei *en brousse*, heißt das, er ist nicht in der Amtsstube, sondern draußen, »auf dem Land«, wo seine Familie noch Kamele, Ziegen oder Schafe hat. *En brousse* ist eine Reminiszenz an das traditionelle Leben – ähnlich, wie wenn wir »am Wochenende *aufs Land* fahren« und damit meinen: in eine andere Zeit, in ein anderes Lebensgefühl – dahin, wo die Welt noch in Ordnung ist. Auch »situierte« Großstädter aus Bamako oder Niamey fühlen sich oft noch der Wüste verbunden und verklären das Leben dort.

Die Wüste ist gefährlich! Oder?

Sehr oft höre ich: »Herr Martin, dass Sie noch leben!« Es ist schon richtig, dass man in der Wüste sterben kann. Wenn man einen Menschen an einem heißen Sommertag morgens unbekleidet, ohne Schatten und ohne Wasser in der Wüste aussetzt, ist er bis zum Abend tot. Aber das geht woanders sehr viel schneller. Ohne Schutzbekleidung in einem Blizzard in der Antarktis bleibt einem lediglich eine Stunde, und in null Grad kaltem Wasser kann der Mensch nur acht Minuten überleben.

Ob Reisen durch die Wüste gefährlich sind, hängt von vielen Faktoren ab, unter anderem von der politischen Lage, die sich aber vorab klären lässt, und von der Route, die der Reisende wählt. Die Ausrüstung spielt natürlich eine Rolle. Ein ausreichender Vorrat an Wasser, ein effektiver Sonnenschutz, um keinen Sonnenstich zu erleiden, ein Ersatzreifen sowie Flickzeug, eine Luftpumpe und Werkzeug sind ein unbedingtes Muss. Dazu kommt die Wahl der richtigen Jahreszeit. Reist man im Frühjahr, wenn die Sandstürme zu toben beginnen, oder im Sommer, wenn die Tagestemperaturen auf 45 Grad und mehr steigen, ohne GPS in einem maroden Auto auf schlechten Pisten, fordert man sein Glück heraus. Im Winter hingegen, bei angenehmen 20 Grad, mit GPS und einem intakten Wagen auf geteerten Straßen ist das Reisen in der Wüste nicht gefährlicher, als in Deutschland über Land zu fahren – wahrscheinlich sogar sicherer, weil man nicht der Dummheit und Rücksichtslosigkeit oder Unfähigkeit unzähliger Autofahrer ausgeliefert ist.

Das ändert sich schlagartig, wenn man abseits geteerter

Straßen oder überhaupt abseits von Pisten fährt. Dann ist die Fortbewegung sogar eine der größten Gefahren bei Wüstenreisen. Zwar kann man auch diese Gefahr eindämmen, indem man vorsichtig fährt, aber ganz verhindern lassen sich Unfälle nicht. Ich weiß nicht mehr, wie oft ich eingesandet bin und mein Fahrzeug mühsam freischaufeln musste, wie oft ich mit dem Motorrad gestürzt bin oder mit dem Auto riesige Sätze gemacht habe, weil ich bei schlechter Sicht eine Bodenwelle oder andere Hindernisse übersehen habe, wie oft ich ungewollt Böschungen hinuntergerutscht bin oder mich an einer Düne zu überschlagen drohte, weil ich zu sehr in Schräglage geriet.

Ein weiterer Punkt ist die richtige Wahl des Nachtlagers. Wadis sollte man meiden. Zum einen, weil ferne Regenfälle eine Sturzflut auslösen können, die einen in den Tod reißen kann. Zum anderen, und das ist weit häufiger eine Gefahr, weil Wadis aufgrund der Feuchtigkeit und ihrer Vegetation, und mag sie noch so kärglich sein, Käfer, andere Insekten und Spinnen anlocken, was wiederum Skorpione und Schlangen auf den Plan ruft. Zweimal fand ich bei meinen ersten Reisen als Wüstenanfänger des Morgens, als ich meine Isomatte zusammenrollte, einen Skorpion darunter, und beide Male war es in einem Trockenflussbett. Ebenso wenig sollte man sein Nachtlager an einem steinigen Südhang aufschlagen, der auch noch ein bisschen Bewuchs aufweist. Eine solche Gegend ist ein Schlaraffenland für Schlangen, denn die Vegetation zieht Mäuse und anderes Kleingetier an, von dem sich Schlangen ernähren, und außerdem bietet ein solcher Hang zahlreiche Schlupfwinkel, die von der Sonne wohlig beheizt werden, und Schlangen lieben nun einmal Wärme.

Schlangen und Skorpione sind auch der Grund, warum man feste und knöchelhohe Schuhe tragen sollte, da die meisten Angriffe unterhalb der Knöchel erfolgen; weshalb man fest auftreten sollte, denn die Tiere spüren die Erschütterung und suchen das Weite; und weshalb man, wenn man in der Dunkelheit herumläuft, seinen Weg mit einer Taschenlampe ausleuchten sollte.

Sicheres Reisen in der Wüste besteht unterm Strich also darin, die Gefahren zu kennen und sie zu vermeiden. Das ist wie in den Bergen. Wer sich in Sandalen oder gar Flipflops oder bei drohendem Gewitter auf eine Bergtour begibt, wer sich als Anfänger an einen Klettersteig mit hohem Schwierigkeitsgrad wagt, setzt sein Leben aufs Spiel. Es ist nicht die Wüste und es sind nicht die Berge an sich gefährlich. Gefährlich werden sie erst durch die Unerfahrenheit, die Sorglosigkeit, die Nachlässigkeit oder das Fehlverhalten des Reisenden, ob Einheimischer oder Tourist. Der Schweizer Extrembergsteiger Ueli Steck, der am 30. April 2017 bei einer Trainingstour am Nuptse im Himalaja tödlich verunglückte, hat einmal gesagt, wenn er von einer Bergtour nicht zurückkäme, dann aus dem Grund, dass er einen Fehler gemacht habe.

Ich will das Gefahrenpotenzial einer Wüstenreise weiß Gott nicht mit dem beim Besteigen eines Achttausenders im Himalaja vergleichen. Andererseits will ich es auch nicht verharmlosen – ein Vorwurf, den ich ab und an zu hören bekomme. Erfahrung spielt natürlich ebenfalls eine Rolle. Mit der Zeit vermeidet man automatisch so manche Gefahrenquelle und entwickelt auch ein Gespür für potenziell gefährliche Situationen. Im Jahr 2002 war ich mit einem Freund in Niger in einem Geländewagen zwischen dem kleinen Grenzort Assamaka im Norden und Arlit unterwegs. Wir fuhren abseits der Hauptpiste, als wir kurz nach Assamaka in der Ferne einen liegen gebliebenen Lkw sahen. Mindestens 100 Leuten saßen auf der Ladefläche des Lkws oder lagen auf dem Boden. Sobald sie uns entdeckten, taumelten die Ersten auf uns zu. Uns wurde schlagartig klar, dass die Menschen schon länger dort festsaßen und wir in eine Situation geraten könnten, die nicht mehr zu kontrollieren sein würde. Bestenfalls würden sie uns unsere Vorräte abnehmen und uns dann weiterfahren lassen, schlimmstenfalls würden sie uns in ihrer Verzweiflung totschlagen. Die einzige vernünftige Entscheidung war, uns sofort in Sicherheit zu bringen. In sicherem Abstand, aber so, dass die Menschen sehen konnten, was wir taten, hielten wir an, luden fast unsere gesamten Wasservorräte ab und fuhren dann endgültig davon. Tatsächlich erfuhren wir später, dass der Lkw samt seiner Menschenladung seit Tagen dort festgesessen hatte, sodass sich einige bereits zu Fuß auf den gefährlichen, weil weiten Weg nach Arlit gemacht hatten. Fast 200 Kilometer ohne Verpflegung zu marschieren ist an sich schon eine Herausforderung, in der Wüste grenzt es an Selbstmord.

Wenn man sich als Wüstenneuling dumm anstellt, zum Beispiel völlig unvorbereitet und schlecht gerüstet losfährt und die Ratschläge in Reiseführern, von anderen Reisenden und Einheimischen ignoriert, dann kann es natürlich gefährlich werden. Ich checke trotz all meiner Erfahrung – oder vielleicht gerade deswegen – vor jeder Wüstenreise die »Reise- und Sicherheitshinweise«, die das Auswärtige Amt auf seiner Website www.auswaertiges-amt.de zu jedem einzelnen Land zur Verfügung stellt. Und unterwegs frage ich immer wieder Einheimische, allen voran Lkw-Fahrer, weil sie viel herumkommen, und Tankwarte sowie Restaurant- und Cafébesitzer, weil sie viel Kontakt mit Reisenden haben, nach der Sicherheitslage.

Von Schmugglern und Entführern

Vorab möchte ich eines mit Nachdruck klarstellen: Ich will die Wüstenbewohner keinesfalls idealisieren, denn es gibt überall auf der Welt und so auch in der Wüste Halunken und Taugenichtse, doch der Anteil an guten Menschen ist meiner Erfahrung nach unter einfachen, armen Leuten höher. Zwar machte ich in all den Jahren, die ich die Wüsten dieser Erde bereiste, auch die eine oder andere überraschende schlechte Erfahrung, doch alles in allem wurde das positive Menschenbild, das mir meine Eltern vermittelten, eher bestätigt als erschüttert.

Während die meisten Wüsten recht sichere Gebiete sind, vor allem jene in Amerika, im südlichen Afrika oder in Australien, hat in der Sahara infolge unzähliger Kriege, Bürgerkriege und Rebellionen die Gewaltbereitschaft zugenommen. Staatliche Autoritäten waren schon zuvor kaum in der Lage und oft auch nicht daran interessiert, die Wüste zu kontrollieren, und so herrscht in vielen Gebieten mehr denn je das Recht des Stärkeren. Eine viel zu schnelle Modernisierung, wachsende Armut und Arbeitslosigkeit führen vor allem unter den Jugendlichen zu Perspektivlosigkeit und speziell in den Städten zu einem Verfall des Wertesystems. Eine steigende Kriminalitätsrate ist die Folge, die sich vor allem an Touristenzielen und auf beliebten Reiserouten bemerkbar macht.

Doch auch abseits solcher Hotspots meidet man Begegnungen besser, als dass man sie sucht, da man nie weiß, auf wen man trifft. Das halten auch die Einheimischen so. Wenn ich mit Tuareg unterwegs war, habe ich des Öfteren beobachtet, dass sie sich zu

Meine Lieblingswüste, die Sahara, ist wegen Bürgerkriegen und Terroristen zu einem gefährlichen Ort geworden.

verbergen suchten, wenn sie in der Ferne ein Auto kommen sahen. Und das aus gutem Grund: Die riesige Sahara erstreckt sich über mehrere Staaten mit durchlässigen, kaum zu kontrollierenden Grenzen, und das lädt geradezu zu illegalen Tätigkeiten wie dem Schmuggeln von Waren oder der Schleusung von Menschen ein – einer der Gründe, warum die Wüstenbewohner den Regierenden immer suspekt waren. Konkret heißt das: Wenn am Horizont ein Auto auftaucht, sitzen vielleicht nur harmlose Reisende darin, viel größer aber ist die Wahrscheinlichkeit, dass es sich um einen Drogenkurier handelt, denn sehr viel Kokain kommt über die Sahara nach Europa. Vielleicht ist es auch ein Zigarettenschmuggler; in Niger habe ich mit eigenen Augen riesige Lagerhallen voller unverzollter Zigaretten gesehen. Oder aber es ist ein Schleuser, der Flüchtlinge nach Tripolis bringt.

Die Straße von Bornu – Endstation Sehnsucht

Wüsten sind einerseits natürliche Barrieren, andererseits aber auch Verbindungsglieder zwischen den einzelnen Reichen beziehungsweise Staaten. Bis heute findet man in der Zentralsahara Spuren der sogenannten Bornustraße, die vom Tschadsee hoch nach Tripolis führte. Sie war von der Antike bis in die Neuzeit eine der Hauptrouten des Handelsverkehrs zwischen Innerafrika und der Mittelmeerwelt, des sogenannten Transsaharahandels. Handelsgüter waren neben Gold, Salz, Stoffen, Waffen und anderem vor allem Sklaven aus Schwarzafrika.

Sklaverei war in vielen afrikanischen Kulturen gang und gäbe. Mitglieder verfeindeter Stämme wurden versklavt, und es wurden Kriege ausschließlich zu diesem Zweck angezettelt. Ganze Reiche verdankten ihren wirtschaftlichen Erfolg der Jagd auf Menschen und dem Sklavenhandel. Mit der »Entdeckung« und Erforschung Afrikas durch die Weißen und deren hohen Bedarf an billigen Arbeitskräften vor allem in den USA fanden die Sklavenhändler zahlungswillige Abnehmer. Die Europäer und Amerikaner brauchten sich nicht einmal auf mühsame und gefährliche Raubzüge ins Landesinnere zu begeben, sondern konnten die »Ware« an Küstenposten begutachten und gegebenenfalls kaufen.

Keiner kann sagen, wie viele Sklaven durch die Wüste getrieben wurden, doch Hunderttausende erhaltene Fußabdrücke in den weiten Regflächen nördlich des Grand Erg de Bilma, einem Teilstück der Bornustraße, zeugen von einer unvorstellbar hohen Zahl. Der Reg beziehungsweise die Kieswüste hat nur an der Oberfläche ein Steinpflaster, auch »Wüstenpflaster« genannt, darunter liegt feiner Sand. Wenn das Wüstenpflaster relativ dünn ist und aus recht kleinen Steinchen besteht, genügt das Gewicht eines Menschen, um es einzudrücken und so Spuren zu hinterlassen. Noch bis Ende des 19. Jahrhunderts waren auch viele Brunnen an der Bornustraße mit den Knochen dort umgekommener Sklaven umgeben. Auf jeden gefangenen Sklaven kamen im Schnitt fünf Tote, da sich die Menschen verzweifelt gegen die Sklavenjäger des Königreichs Bornu wehrten. Ganze Landstriche wurden damals entvölkert. Und keiner weiß, wie viele den mörderischen, über 2000 Kilometer langen Marsch durch die Wüste nicht überlebten. Wer nicht mehr weiterkonnte, wurde erschlagen oder einfach zurückgelassen. Auch auf anderen Routen, etwa von Timbuktu in das einstige Handelszentrum Sidschilmasa in Marokko und weiter nach Tunis, marschierten Sklaven ihrem Schicksal entgegen. Schätzungen gehen davon aus, dass 100 Millionen Menschen Opfer des Sklavenhandels in Afrika wurden.

Heutzutage folgen viele Flüchtlinge Teilen der Bornustraße, um an die Mittelmeerküste zu gelangen – mit ebenfalls fürchterlichen Folgen. Was kaum einem Europäer bewusst ist: Die Flüchtlinge, die im Mittelmeer ertrinken, machen nur einen Bruchteil derer aus, die ihr Leben bereits beim Durchqueren der Sahara lassen. Es ist ein gigantischer Strom von Schwarzafrikanern, die mithilfe von Tuareg nach Libyen unterwegs sind. Möglich ist das, weil sich die Sahara mit ihren neun Millionen Quadratkilometern über mehrere Staaten erstreckt, von denen sich offenbar keiner für die Wüste und das, was dort geschieht, verantwortlich fühlt – solange es nicht die eigene Macht untergräbt. Mehr als einmal bin ich einem solchen »Treck« begegnet, und mehr als einmal sah ich die Leiche eines verdursteten Flüchtlings. Die vielen, die ihre Hoffnung auf ein besseres Leben schon in der Wüste mit ihrem Leben bezahlen oder unterwegs stranden, zum

Beispiel in Tamanrasset im Süden Algeriens, schaffen es so gut wie nie in unsere Schlagzeilen.

Tamanrasset ist einer der Hauptumschlagplätze für Migranten aus Schwarzafrika auf ihrem Weg nach Europa und wird für viele Flüchtlinge von einer Durchgangs- zur Endstation. Oft illegal eingereist, fristen sie in einem Lager außerhalb der Stadt ein menschenunwürdiges Dasein, in der Hoffnung, sich durch Schwarzarbeit vielleicht doch noch das Geld für die Weiterreise zusammensparen zu können. Und etliche haben resigniert. Zurück in ihre Heimat nach Ghana, Mali, Niger oder Nigeria können oder wollen sie nicht. Die Schande, die Erwartungen und die Hoffnungen der Familie enttäuscht zu haben, wäre zu groß.

Es verwundert mich in keiner Weise, dass so viele versuchen, ihrem bisherigen Leben zu entfliehen. Ich wäre mit Sicherheit einer von ihnen, wenn ich in Mali, Niger oder dem Tschad leben würde, mit der Aussicht, bis ans Lebensende den Boden zu beackern, der wegen des geringen Niederschlags kaum etwas hergibt, oder das Vieh von Wasserstelle zu Wasserstelle zu treiben, die Frau zu heiraten, die die Familie ausgesucht hat. Und ohne die Perspektive, dass sich irgendwann etwas zum Besseren wenden würde. Wie sollte es auch, solange so viele afrikanische Staaten von ihren autokratischen Herrschern bis zum letzten Tropfen ausgesaugt und in Grund und Boden gewirtschaftet werden. Und dann höre ich vielleicht von einem Freund, der es nach Europa geschafft hat, wie toll es dort ist. Natürlich alles schöngefärbt, aber das kann ich ja nicht wissen. Da würde auch ich meine Habseligkeiten packen und mich auf den Weg machen. Ich kann jeden Einzelnen von ihnen verstehen.

Dass das natürlich keine Lösung ist, weil es die Länder ausblutet, steht auf einem anderen Blatt. Und dass wir nicht alle Flüchtlinge aufnehmen können, ist auch klar. Klar ist aber auch, dass wir unseren Anteil an der Armut in diesen Ländern haben: Weil die ehemaligen Kolonialmächte die Diktatoren oft unterstützten – und dies unter dem Aspekt der politischen und wirtschaftlichen Berechenbarkeit teilweise noch immer tun –, weil wir nicht bereit sind, faire Preise für Kaffee- und Kakaobohnen, für Schnittblumen oder Edelmetalle zu zahlen, weil wir unsere Überproduktion, unsere Altkleider in die armen Länder schicken und dadurch dort Arbeitsplätze vernichten. Die Liste ließe sich fast beliebig verlängern. Ich frage mich oft, ob die Menschen hier, in den Industriestaaten, nichts davon wissen oder ob es sie schlicht nicht interessiert.

Schon Jahre, bevor sich die Flüchtlinge zu einem »Strom« formierten, versuchten sie sich allein durch die Wüste nach Libyen durchzuschlagen. Auf einer meiner ersten Reisen, 1985 mit Freunden von Tunesien nach Mauretanien, wankten uns in Algerien auf der Piste zwischen Tamanrasset und Timiaouine drei ausgemergelte Gestalten in zerrissenen Gewändern und von Kopf bis Fuß eingestaubt entgegen. »Wasser!«, krächzten sie, als wir langsam, um nicht noch mehr Staub aufzuwirbeln, an ihnen vorbeirollen wollten, und schwenkten ihre leeren Wasserbehälter. Wir reichten dem Ältesten einen Zehn-Liter-Kanister, und nachdem er seinen Durst gestillt hatte, wollte er wissen, wie weit es noch nach Tamanrasset sei. Die drei waren zwei Monate davor in Burkina Faso aufgebrochen, erzählte er uns. Sie wollten nach Libyen, das sei reich, dort gäbe es gute Arbeit. Sie hatten noch nicht einmal die Hälfte des Weges hinter sich, und ich frage mich, ob sie je ihr Ziel erreicht haben.

Von einem anderen Flüchtling weiß ich, dass er es bis nach Europa geschafft hat. Ich traf Eddy und seinen Kumpel Edmond in einem Restaurant in Agadez, wo sie wieder einmal einen Mercedes an die Wand malten, *das* Symbol für Reichtum schlechthin und ein Motiv, das viele Wände in öffentlichen wie in privaten Räumen »schmückt« und für die zwei jungen Männer längst Routine war und keine Herausforderung darstellte. Die beiden verdienten sich ihren Lebensunterhalt mit solchen Wandmalereien und auch mit Porträts der Präsidenten, durch deren Länder sie kamen. Damit hatten sie sich von Ghana bereits bis ins Zentrum Malis vorgearbeitet. Ihr Ziel aber war Deutschland. Ein halbes Jahr später erhielt ich einen Brief von Eddy, dass sie nun in Libyen seien, und sobald sie mit Gaddafis Porträt fertig wären, würden sie ein Boot nach Italien besteigen. Ich solle ihm doch bitte ein Foto von Helmut Kohl schicken, damit sie schon einmal üben könnten. Ein weiteres halbes Jahr darauf rief mich Eddy an – aus einem Asylantenheim in Graz. Ich besuchte ihn dort, doch danach riss der Kontakt ab, und ich weiß nicht, was aus ihm geworden ist.

Wilde Schießerei im Iran

Während der Flüchtlingsstrom nur eine Richtung kennt, die nach Norden, ist der Schmuggel auch nach Süden lukrativ. Der in Libyen spottbillige Diesel zum Beispiel ist in Niger ein Vermögen wert. Verständlicherweise meiden kriminelle Elemente die offiziellen Routen, weshalb die Gefahr, dass man abseits der Straßen auf jemanden mit guten oder zumindest mit keinen bösen Absichten trifft, eher gering ist. Die heftige Schmuggelei ist auch einer der Gründe, warum unbescholtene Leute kaum nachts unterwegs sind, denn an den Scheinwerfern eines Autos ist schwerlich zu erkennen, ob es Reisenden, harmlosen Einheimischen oder Schmugglern gehört. Oder Polizisten, die Schmuggler jagen.

Elke Wallner und ich gerieten im Jahr 2000 in der Wüste Dascht-e Lut im iranischen Hochland zwischen die Fronten von Polizei und Schmugglern. Die Lut, wie sie meist nur genannt wird, ist eine der lebensfeindlichsten Wüsten, die ich kenne. Man stieß dort bislang weder auf Funde, die eine frühere menschliche Besiedlung bezeugen würden, noch auf irgendwelche Fossilien, und sie ist auch heute noch so gut wie menschenleer. Wir waren in einem samt Fahrer gemieteten Wagen auf dem Weg in das damals noch unzerstörte Bam am Südrand der Lut. Drei Jahre später verloren dort bei einem verheerenden Erdbeben Zehntausende Menschen ihr Leben, und die historische Stadt mit dem größten Lehmbaukomplex der Welt wurde größtenteils dem Erdboden gleichgemacht.

Bei der Polizeistation des letzten Ortes hatte sich unser Fahrer wie schon ein paarmal zuvor erkundigt, ob es sicher sei, auf direktem Weg nach Süden bis Bam zu fahren. Ja, könnt ihr machen, hieß es auch hier. Es ging endlos durch die Geröllwüste dahin. Am späten Nachmittag fragte der Fahrer noch einmal einen Nomaden nach dem richtigen Weg. Wir müssten nur weiter dieser Spur folgen, meinte der Mann, dann kämen wir nach Bam. Doch auf einmal endete die Spur, die offensichtlich von Lkws in das Geröll gezogen worden war. Das heißt, sie endete eigentlich nicht, sondern führte in einem engen Bogen zurück in die Richtung, aus der wir gekommen waren. Das Seltsame war, dass am Scheitelpunkt der Kehre eine Spur aus der entgegengesetzten Richtung ebenfalls einen Bogen machte und wieder zurückführte. Zwischen diesen beiden Kehren wimmelte es von Reifen- und Fußspuren. Da wurde uns schlagartig klar, dass wir uns an einem Treffpunkt für Drogenschmuggler befanden, wo die Waren aus dem Süden an Kuriere aus dem Norden übergeben wurden.

Wir waren nun also gewarnt, dass wir uns in gefährlichem Terrain bewegten, und wollten diesen Drogenumschlagplatz so schnell wie möglich verlassen, doch auf einmal, es war inzwischen stockdunkel, hörten wir Schüsse und sahen von allen Seiten Scheinwerfer aufblitzen. Ich werde immer dann nervös, wenn die Einheimischen es werden. Als unser Fahrer regelrecht panisch wurde und mit Vollgas mitten in die zum Glück brettebene Wüste hineinraste, wurde mir klar, dass die Lage brenzlig war. Als er schließlich anhielt, klärte er uns auf. Offensichtlich hatten sich Drogenfahnder auf die Lauer gelegt, um die Schmuggler zu schnappen, deren Spur wir dummerweise gefolgt waren. Wir waren zwar nicht mitten ins Geschehen geraten, sodass uns die Kugeln um die Ohren geflogen wären, doch nah genug, um ein Teil des Ganzen zu sein, und weder die Polizei noch die Schmuggler hätten uns in der Dunkelheit als unbeteiligte Touristen identifizieren können. Im Zweifel hätte uns jede der beiden Seiten für den Gegner gehalten. In der Nacht aufs Geratewohl weiter durch die Wüste zu fahren, war keine gute Idee. An Ort und Stelle übernachten wollten wir auch nicht, denn obwohl wir einige Kilometer querfeldein geflüchtet waren, fühlten wir uns nicht sicher. Zum Glück hatten wir die GPS-Daten von heißen Quellen gespeichert, an denen wir am Nachmittag vorbeigekommen waren. Dort sollten wir sicher sein, denn wir hatten gesehen, dass sich einige Einheimische für die Nacht an den Quellen einrichteten. Bei unserer wilden Flucht hatte der Fahrer offenbar einen Bogen geschlagen, denn nach wenigen Kilometern hatten wir die Quellen erreicht. Nach der ganzen Aufregung nahmen wir gern die Einladung an, uns zu zwei einheimischen Motorradfahrern ans Feuer zu setzen. Im Lauf des Gesprächs stellte sich allerdings heraus, dass die beiden Drogenkuriere waren und die Satteltaschen voller Rauschgift hatten.

Die Obrigkeit und das Recht des Stärkeren

Tagsüber zu reisen bietet natürlich keine Gewähr, unbehelligt zu bleiben. Bei einer Transsaharareise nach Mali standen etwa 100 Kilometer vor Gao plötzlich mehrere Soldaten auf der Piste und machten uns unmissverständlich klar, dass wir anzuhalten hätten. Eine Militärkontrolle auf freier Strecke? So etwas war mir noch nie passiert. Waren das überhaupt echte Soldaten?, fragte ich mich als Nächstes.

»Passeport!«, herrschte uns der Wortführer an. Als wir ihm unsere Reisedokumente reichten, steckte er sie ohne eine Erklärung und ohne auch nur einen Blick hineinzuwerfen in seine Hosentasche. Das war absolut kein gutes Zeichen. Dann befahl er uns, den Kofferraum zu öffnen. Als er unsere Sachen durchwühlt hatte, bellte er: »Ihr Auto ist konfisziert! Geben Sie mir die Schlüssel!« Mit Widerstand hatte er offenbar nicht gerechnet, denn als wir alle vier – Steffi, Sebastian, Robert und ich – protestierten, wirkte er verunsichert. Doch er fing sich schnell wieder und kehrte zu seinem barschen Ton zurück. Immerhin ließ er sich zu der Erklärung herab, dass er und seine Männer den Auftrag hätten, algerische Schmuggler zu jagen. Nur leider hätten sie kein Auto. Wir verkniffen uns das Lachen und fragten lieber nicht nach.

Um zu verhindern, dass unser Wagen auf Nimmerwiedersehen verschwand, bot ich mich als Chauffeur an, was umgehend akzeptiert wurde. Wer weiß, vielleicht hatten sie nicht nur kein Auto, sondern auch keinen Führerschein. Zwei Uniformierte sprangen auf die Rückbank; bis sich der Kommandeur des immobilen Einsatzkommandos samt sperrigem Gewehr auf dem Beifahrersitz verstaut hatte, dauerte es etwas länger. Doch dann blaffte er: »Wenden und zurück! Los, los!« Erst nach über 20 Kilometern sah ich weit vor uns einen Lkw, und mein Beifahrer rief: »Die Schmuggler!« Um dem Lkw den Weg abzuschneiden, musste ich von der Piste abfahren und mich durch Gestrüpp schlängeln, dessen harte Dornen mit einem Geräusch wie dem Quietschen von Kreide auf einer Tafel tiefe Kratzer in den Lack zogen. Ich konnte nur hoffen, dass wenigstens die Reifen unsere Verbrecherjagd heil überstanden. Den Mann neben mir scherte das alles nicht. »Schneller! Fahren Sie doch schneller!«, trieb er mich immer wieder an.

Ich war vor dem Lkw noch gar nicht richtig zum Stehen gekommen, als die Soldaten auch schon aus dem Auto sprangen. Der Fahrer des Lasters tat es ihnen gleich, mit hoch erhobenen Armen. Der Arm des Gesetzes zerrte ihn hinter den Lkw und aus meinem Blickfeld. Ich hörte Schreie. Dann lange nichts mehr. Als er schließlich wieder auftauchte, war sein Gesicht blutig geschlagen, und mir drehte sich beinahe der Magen um. Auf Geheiß meiner Fahrgäste lud er zwei Säcke Datteln in unser Auto um, dann durfte er seinen Weg fortsetzen. In vielen Staaten dieser Region wechseln Soldaten je nach den Umständen in die Rolle des Richters oder Verkehrspolizisten – und manchmal eben auch in die des Kriminellen. Der »Respekt«, den ihnen die Bevölkerung entgegenbringt, gründet nicht selten auf der bitteren Erfahrung, dass ein Gewehr mehr zählt als das Recht.

Kurz darauf war ich wieder bei meinen Freunden. Wir bekamen unsere Pässe ausgehändigt und konnten endlich unsere Reise nach Gao fortsetzen. Gao, einst ein wichtiger Knotenpunkt des Transsaharahandels, sollte Jahre später in die Schlagzeilen geraten, als die islamistischen Gruppierungen Ansar Dine und Bewegung für Einheit und Dschihad in Westafrika

(MUJAO) den Staat Azawad gründeten und Gao zur Hauptstadt ausriefen, worauf im Rahmen einer sogenannten Stabilisierungsmission der Vereinten Nationen auch Bundeswehrsoldaten nach Gao entsandt wurden.

Der Mensch und die Wüste

Die Wüste an sich ist nicht lebensgefährlich, aber sie ist lebensfeindlich. Dies gilt zumindest für Organismen, die den Lebensbedingungen nicht angepasst sind, und dazu zählt definitiv der Mensch. Der Mensch hat, anders als Tiere und Pflanzen, weder sein äußerliches Erscheinungsbild noch seinen Stoffwechsel an die extremen Verhältnisse in der Wüste angepasst. Dieses Versäumnis macht er durch seinen Intellekt wett – durch den Gegebenheiten angepasstes Verhalten, durch Hilfsmittel und Techniken. Er schützt sich durch Kleidung vor Austrocknung und Sonnenstrahlung. In der Hitze des Tages und der Kühle der Nacht zieht er sich in seine Behausung zurück. Er bohrt Brunnen, um an die Grundwasservorräte zu kommen, nutzt Last- und Reittiere – und inzwischen natürlich auch Fahrzeuge – zum Warentransport und zur Fortbewegung.

Ohne Nutztiere – seien es Ziegen, Schafe, Kamele, Yaks oder Lamas – könnte der Mensch in vielen Wüsten nicht überleben. Er hat nicht nur gelernt, Tiere zu züchten, die den harten Bedingungen der Wüste trotzen können, sondern auch, aus der Wolle oder dem Fell dieser Tiere Stoffe für Zelte und Bekleidung zu fertigen. Er hat gelernt, nachhaltig zu wirtschaften. Und er entwickelte die unterschiedlichsten Lebensstile. Als Nomade lernte er, die wenigen Ressourcen zu nutzen, indem er mit seiner Herde ständig auf Wanderschaft ist. Als Oasenbauer machte er sich einen Gunststandort zunutze, um dort unter anderem Dattelpalmen zu züchten. In den Wüsten nach englischsprachiger Definition – wie dem australischen *Outback* oder der Kalahari – konnte der Mensch auch als Jäger und Sammler überleben. In den »Vollwüsten« wäre das nicht möglich, weil es dort schlicht zu wenig Wild und Pflanzen gibt, um davon leben zu können.

Die letzten Jäger- und Sammlerkulturen stellen die Aborigines in den Wüsten Australiens und die San der Kalahari. Pflanzen, Nüsse, Wurzeln und Beeren sowie Wildtiere boten ihnen jahrtausendelang eine Lebensgrundlage. Alte Aborigines und San kennen noch bis zu 100 essbare Pflanzen, wissen, wo sie wasserhaltige Wurzeln finden, welche Pflanzen Heilkräfte haben und wie man Jagdwild aufspürt. Das Leben der Jäger und Sammler war naturbedingt ein Wanderleben. Sobald an einem Lager die Quellen versiegten, sich das Wild entfernte, keine Pflanzen mehr zu finden waren, zogen die Menschen weiter. Sie hatten nicht viel mitzunehmen: Grabstöcke und Bumerangs oder Pfeile und Bogen, Behälter aus Baumrinde und Fell. Alles wurde zu Fuß transportiert.

Die Jäger- und Sammlerkulturen sind noch stärker als Nomaden und Bauern von der Ausbreitung der sogenannten Zivilisation betroffen. Teilweise wurden sie systematisch ausgerottet, und die meisten derjenigen, die das überlebten, wurden durch die Zerstörung oder die Einengung ihrer Streif- und Jagdgebiete ihrer Lebensgrundlage beraubt. Aborigines, San – oder auch Indianer –, die noch die traditionelle Lebensweise pflegen, gibt es kaum mehr.

Die australischen Ureinwohner sind per se kein Wüstenvolk. Ursprünglich besiedelten sie den gesamten Kontinent, bevor sie vor gut 200 Jahren durch die weißen Siedler in Reservate in den kargen Einöden abgedrängt wurden. Damit nicht genug, wurden im vergangenen Jahrhundert Aborigines gezwungen, ihre Kinder zur Adoption durch Weiße freizugeben. Man hoffte, die Ureinwohner auf diese Weise zu assimilieren und auf lange Sicht genetisch auszulöschen. Dieses menschenverachtende Vorgehen ging unter dem Schlagwort »Gestohlene Generationen« in die Geschichte ein. Bis vor 60 Jahren wurde den Aborigines als »Mündel des Staates« in Teilen Australiens das Wahlrecht vorenthalten,[36] ihre Bürgerrechte waren eingeschränkt und Ehen zwischen Weißen und Aborigines verboten. Als die Briten auf einem Nukleartestgelände in Maralinga in Südaustralien mehrere Atombomben zündeten, dienten Australiens Ureinwohner unwissentlich als Versuchskaninchen. Das gehört zwar der Vergangenheit an, doch viele Weiße sehen die Aborigines bis heute als Menschen zweiter Klasse an.

Die meisten Aborigines fristen ihr Leben entweder am Rand der Gesellschaft in den Städten oder in einer absoluten Parallelwelt, den sogenannten *Communities,* vergleichbar den unrühmlichen Townships in Südafrika. Die »Gemeinschaften« sind mit ein paar Hundert bis 2000 Bewohnern deutlich kleiner, aber rigoros von den Weißen abgeschottet. Weiße Australier oder auch Touristen haben nur mit behördlicher Genehmigung Zu-

Die Aborigines in den australischen Wüsten fristen ein trauriges Dasein am Rande der Gesellschaft.

tritt und selbst das nur zu ausgesuchten Communities, da der australische Staat diese »Schandflecke« mit ihren haarsträubenden Wohn- und Lebensverhältnissen am liebsten vor aller Augen verbergen möchte. Der Verlust der sozialen Strukturen, eine hohe Arbeitslosigkeit und der latent vorhandene Rassismus bringen die zu erwartenden Folgen mit sich: Agonie, Gewaltexzesse, Kriminalität, Alkoholismus, Drogensucht und sexueller Missbrauch von Kindern.

Ich habe mehrere Communities besucht, mal mit, mal ohne Genehmigung, und war jedes Mal zutiefst erschüttert. An die Stelle von Alkohol ist bei Jugendlichen das Schnüffeln von Benzin und Lösungsmitteln getreten. In der Papunya Community beispielsweise betäubten sich nahezu alle Jugendlichen Tag für Tag mit giftigen Dämpfen und ruinierten so ihre Gesundheit für immer. Die *Elders*, als Lehrer der Traditionen, des Wissens über das Leben und die Traumzeit einst die Autoritäten in den Aborigines-Gemeinschaften, stehen dieser sozialen Katastrophe hilflos gegenüber. Viele von ihnen sind selbst schwer vom Alkohol gezeichnet.

Kein anderes Volk, das ich kenne – und ich habe auf meinen Reisen viele gesehen –, hat den Sprung in die Moderne so schlecht verkraftet wie die Aborigines. Die sozialen Indikatoren wie Lebenserwartung, Kindersterblichkeit und Analphabetentum liegen in vielen Communities auf dem Niveau der ärmsten afrikanischen Staaten. Und das, obwohl Australien groß und wohlhabend genug wäre, um beiden Kulturen eine Perspektive zu bieten.

»Die Götter müssen verrückt sein«

Die Filmkomödie *Die Götter müssen verrückt sein* aus dem Jahr 1980 handelt von der Begegnung des San Xixo mit der modernen westlichen Zivilisation. Die San, worunter eine Reihe ethnischer Gruppen im südlichen Afrika zusammengefasst wird, die ursprünglich als reine Jäger und Sammler lebten, sind mit den ihnen verwandten nomadischen Viehhirten, den Khoikhoi, laut einer umfangreichen Genstudie die älteste Volksgruppe der Welt. Und sie sind im Verschwinden begriffen. Manche Schätzungen gehen von etwa 100 000 San im gesamten südlichen Afrika aus, andere von gerade einmal der Hälfte.

Xixo sieht eines Tages eine Coca-Cola-Flasche vom Himmel fallen, die aus einem Flugzeug geworfen wurde. Er denkt zunächst, es sei ein Geschenk der Götter, denn die seltsame durchsichtige Gabe erweist sich als äußerst stabil und vielseitig einsetzbar. Man kann damit Getreidekörner zerstampfen, Teig zu Fladen ausrollen, hartfaserige Pflanzen mürbe klopfen oder durch Hineinblasen Töne erzeugen. Bald weckt der bis dahin seinem Klan völlig fremde Gegenstand Begehrlichkeiten, und als das immer öfter zu Streit führt, macht sich Xixo auf den Weg, um den Göttern ihr Geschenk zurückzugeben, und landet dabei in der Zivilisation. Der Film – und die beiden Fortsetzungen – beschreibt eindrücklich die Kluft zwischen dem traditionellen Leben der San und der modernen Welt, stellt dabei aber auch die Jagd- und Überlebensstrategien der San und ihre Anpassung an die Umwelt dar und vermittelt einen Eindruck ihrer Sprache, die 80 Variationen an Schnalz- und Klicklauten kennt. Der Haupt-

Mit den San der Kalahari verschwand die letzte Jäger- und Sammlerkultur unserer Erde. Sie mussten Diamantminen, Farmen und Nationalparks weichen.

darsteller N!xau, selbst San, ging an dem Aufeinanderprallen dieser beiden Welten zugrunde. Mitte der 1990er-Jahre traf ich ihn in Tsumkwe an der namibisch-botswanischen Grenze. Der äußerst liebenswerte, aber sichtlich angetrunkene Mann lebte mit seiner Familie in dem kleinen Dorf, vergessen von der Welt und gezeichnet vom Alkohol. Er starb 2003 im Alter von nur 60 Jahren, vermutlich an Tuberkulose.

Die meisten »Buschleute« – ebenso wie »Buschmänner« eine Bezeichnung, die die ersten weißen Siedler den San gaben – leben in Botswana und Namibia; in den anderen Staaten, in denen sie ursprünglich heimisch waren, in Südafrika, Angola, Sambia und Simbabwe, sind sie eine verschwindend geringe Minderheit. Und von diesen wenigen lebt kaum noch einer auf traditionelle Art und Weise. Vielerorts wurden die San gewaltsam von ihrem angestammten Land vertrieben, um dort einen Nationalpark einrichten oder Rinder weiden lassen zu können, oder weil man, wie in Botswana, auf ihrem Gebiet Diamanten fand. Obwohl die San in Botswana 2006 das Recht erstritten, auf ihrem angestammten Land zu leben, behindert die Regierung bis heute die Rückkehr.[37]

Ein Großteil der San fristet heutzutage – ganz ähnlich wie die Aborigines in Australien – ihr Dasein am Rand von Dörfern und Städten und verdingt sich als Hilfs- oder Saisonkraft auf Farmen. Oder als Touristenattraktion: Wenn die Männer und Frauen morgens ihren traditionellen Lendenschurz oder Rock aus Tierhaut anlegen und sich die aus den Schalen von Straußeneiern gefertigten »Buschmannperlen«-Ketten umhängen, ist das ihre »Arbeitskleidung«. Ihr Job ist es, dem »Ethnotainment« zu dienen und sich von Touristen begaffen zu lassen, die einen sogenannten *bushwalk* gebucht haben.[38] Das hilft mit Sicherheit nicht dabei, die wertvollen Kenntnisse und Fertigkeiten der Buschleute zu erhalten, die darin bestehen, wie man in und von der Wüste leben kann, ohne sie zu zerstören. Die Buschleute gehörten einst zu den besten Fährtenlesern der Welt. Sie erkannten unter den vielen verdorrten dürren Halmen, die aus dem Sand der Kalahari ragen, diejenigen, die zu einer Knolle oder einer Wurzel gehören, die viel Wasser speichert. Sie wussten, wie man mit einem leeren Straußenei den Tau von Blättern absammelt und welche Tiere besonders gut Wasser aufspüren können, sodass sie ihnen nur zu folgen brauchten, wenn sie ihren Durst stillen wollten.

Ein Hoffnungsschimmer, dass das Wissen dieser alten Kultur noch gerettet werden kann, sind die sogenannten Lebenden Museen, ein von Namibia entwickeltes Modell, das weltweit Beachtung findet: In kommunalen Schutzgebieten – *conservancies* – wird der Lokalbevölkerung wie den Himba oder den San die Verantwortung über die Wildtiere übertragen, verbunden mit dem Recht, an allen touristischen Verwertungsformen teilzuhaben. Derzeit gibt es sechs solcher Museen, eines davon ist das Little Hunter's Museum der Ju|'hoansi-San in der Nyae Nyae Conservancy bei Tsumkwe. Die Besucher dieses Lebenden Museums können zwischen einer einfachen Dorfbesichtigung, einem kurzen Workshop zur Produktion von Schmuck aus Straußeneierschalen, der Teilnahme an einer traditionellen Jagd und einigem mehr wählen. Jedes Angebot hat einen festen Preis.

Der entscheidende Unterschied besteht darin, dass sich die Bewohner der Lebenden Museen selbst vermarkten, das heißt, dass *sie* die Rahmenbedingungen definieren, dass *ihnen* die Einnahmen zufließen. Sie seien, so sagt Komtsa Daqm, ein Tour Guide im Little Hunter's Museum, »so etwas wie selbstständige Unternehmer«. Die Selbstbestimmung und die Verdienstmöglichkeiten bieten den San wieder eine Zukunftsperspektive. Viele sehen in der Vermittlung ihrer Kultur an Touristen einen Anreiz, ihre Traditionen am Leben zu erhalten, und verbinden damit die Hoffnung, die Landflucht vor allem bei Jugendlichen einzudämmen und ihre Kultur an ihre Kinder weitergeben zu können.[39]

Die Imraguen – gefangen zwischen Dünen und Meer

Keine Sammler und Jäger, aber dennoch vom Aussterben bedroht sind die Imraguen in Mauretanien. Sie sind kein Volk im eigentlichen Sinn, sondern eher eine Solidargemeinschaft. Über Jahrhunderte waren die Imraguen ein Sammelbecken für Nomaden, die ihr angestammtes Leben aufgeben mussten, weil sie ihre Herde verloren oder andere Schicksalsschläge erlitten hatten und von da an gezwungen waren, ein Leben am Rand der Gesellschaft – und am Rand des Kontinents – zu führen.

Eingezwängt zwischen den Dünen der Sahara und dem Atlantik, leben die heute noch etwa 1 000 Imraguen von der Fischerei und der halbnomadischen Viehzucht. Sie entwickelten eine erstaunliche Methode für den Fischfang, wie sie in ähnlicher Weise meines Wissens sonst nur von Fischern im weit entfernten Myanmar angewendet wird. Mit Stockschlägen auf die Wasseroberfläche rufen die im seichten Wasser stehenden Imraguen Delfine herbei, die ihnen Seebarben und andere Fische direkt in die Netze treiben. Die bereitwilligen Helfer erhalten ihren Lohn, indem sie unter den fliehenden Fischen reiche Beute machen. Heute sieht man diese Fangmethode jedoch nur noch selten, denn seit etwa 70 Jahren fischen die Imraguen vorwiegend von Segelbooten aus.

Mit der Einrichtung des Nationalparks Banc d'Arguin im Jahr 1976, einer von Küstengewässern, Sümpfen, Sandbänken und Dünen geprägten Region zwischen Nouadhibou an der Grenze zum Nachbarland Westsahara im Norden und dem Kap Timiris im Süden, wurde den Imraguen dort das Fischen verboten, womit sie ihre Existenzgrundlage verloren. Nach Protesten erhielten sie zwar das Recht, im Nationalpark auf traditionelle Weise zu fischen, was auch die Nutzung ihrer Segelboote einschließt, und die Parkverwaltung beschäftigt Imraguen als Parkwächter und Touristenführer, doch das Überleben des Volkes an der eigentlich außerordentlich fischreichen Küste ist dennoch bedroht. Zum einen verkauft die mauretanische Regierung Fischfanglizenzen in großer Zahl, weshalb Hunderte Trawler – im Übrigen auch aus EU-Staaten – in den mauretanischen Gewässern auf Beutezug gehen. Der Nationalpark ist ihnen zwar verwehrt, doch da sie die angrenzenden Gewässer plündern dürfen, schrumpfen natürlich die Fischbestände im Banc d'Arguin. Außerdem scheren sich viele fremde Fangflotten, allen voran russische und chinesische, keinen Deut um die 200-Meilen-Zone. Wenn man nachts an der Küste von Mauretanien steht, wimmelt es auf dem Meer von Lichtern: Trawler, die legitim fischen, und solche, die hemmungslos im mauretanischen Hoheitsgebiet wildern.

Wer lebt schon freiwillig in der Wüste?

Warum hat sich der Mensch überhaupt irgendwann dazu entschieden, in der Wüste zu leben, genauer gesagt am Wüstenrand, denn selbst Wüstenbewohner leben nicht mitten in der Wüste? Warum zog er nicht ein paar Kilometer weiter in die Halbwüste oder in die Dornbuschsavanne oder noch ein Stück weiter in die Trockensavanne? Schließlich gab es vor Tausenden von Jahren noch keinen Bevölkerungsdruck. Ein Grund ist vermutlich darin zu sehen, dass viele Wüstengebiete aufgrund einer Feuchtperiode früher mal fruchtbar waren, und wo sich der Mensch einmal niedergelassen hat, da will er in der Regel bleiben. Auch ging die Verwüstung so langsam vonstatten, dass sich der Mensch im Lauf der Generationen einfach daran gewöhnte. Schließlich könnte man sich ja auch fragen, warum immer noch so viele Amerikaner in Florida leben, obwohl dort Hurricans immer wieder und immer öfter schlimme Verwüstungen anrichten, oder in Kalifornien, wo es – ebenfalls immer wieder und immer öfter – zu verheerenden Waldbränden kommt. Oder warum die Inuit nach der letzten Warmperiode im Norden Kanadas und Alaskas verblieben, obwohl es immer karger und kälter wurde und das Überleben schließlich zu einem fortwährenden Kampf ausartete. Heutzutage zwingt die Überbevölkerung, der Kampf um Land, der Konflikt zwischen Ackerbauern und Viehhaltern um die wenigen Wasserreserven und das bisschen fruchtbaren Boden viele Menschen dazu, in »wüsten« oder wüstennahen Gebieten zu leben, ganz besonders im Süden der Sahara.

Und es gab sicher auch den genau gegenteiligen Effekt: den Pioniergeist, der die Menschen antrieb, sie immer weiter in die Wüste hineinziehen ließ. Normalerweise ist man dabei auf der Suche nach einem besseren Leben, und selbst widrige Umstände veranlassen nur wenige zur Umkehr. Wäre es anders, wäre die Westküste der USA vermutlich nie besiedelt worden – um nur ein Beispiel zu nennen. Aber das ist wohl auch das Faszinierende am Leben: Dass es ständig danach strebt, sich in alle Richtungen auszubreiten. Man denke an die Pinguine in der Antarktis oder an die Schwarzen oder die Weißen Raucher, die hydrothermalen Quellen am Grund der Tiefsee, ein Biotop für Bakterien, aber auch verschiedene Krabbenarten, Bartwürmer oder Muscheln. Wer will denn da leben?

»Schneevögel« in der Sonora-Wüste

Sie nennen sich *Snowbirds,* »Schneevögel«, wir würden sie eher als »Zugvögel« bezeichnen: amerikanische und kanadische Rentner, die Jahr für Jahr zu Hunderttausenden dem kalten, langen und dunklen Winter im Norden entfliehen. Statt monatelang Schnee zu schaufeln und in ihren oft miserabel isolierten Häusern zu frieren, machen sie sich auf den Weg in den Süden der USA, um dort die Wärme und das Licht zu genießen. Das wäre hier nicht erwähnenswert, wenn sie an den Stränden Floridas oder Kaliforniens oder sonst einem netten Ort überwintern würden. Doch etliche von ihnen zieht es in die Wüste.

Bei einer Fahrt durch die Sonora-Wüste kamen Elke und ich an Quartzsite vorbei, einem Nest, das die meiste Zeit des Jahres in Bedeutungslosigkeit dahindämmert. Das ändert sich schlagartig im Herbst, wenn Tausende Snowbirds in ihren *motorhomes* anreisen. Innerhalb kurzer Zeit schnellt dann die Einwohnerzahl von Quartzsite von knapp 3 500 auf über 250 000.[40] In den Monaten Januar und Februar, wenn die in ganz Amerika berühmten Edelstein- und Mineralienmessen bis zu einer Million Besucher anlocken, platzt der kleine Ort schließlich komplett aus den Nähten. Die Bewohner von Quartzsite haben sich längst auf die Winterflut eingestellt. Sie reparieren Generatoren, verkaufen Campingzubehör, fahren täglich Tanklastwagen mit Frischwasser zu den Campern und leeren die Fäkalientanks.

Am meisten faszinierte mich damals, dass manche »Schneevögel« während des gesamten Winters kaum je einen Fuß in den Ort setzen. Statt ihr Wohnmobil auf einen der Campingplätze des Städtchens zu stellen, schaffen sie sich ihren eigenen riesigen *Motorhome Park* mitten in der Wüste. Es gibt dort zwar weder öffentliche Toiletten noch Duschen, weder eine Bar noch ein Restaurant, auch keinen Laden, allerdings auch keine vorgeschriebenen Stellplätze, und so parken die Snowbirds gerade so, wie es ihnen gefällt: die einen in Reih und Glied, andere kreuz und quer, und wieder andere errichten – ganz amerikanische Siedlermentalität – eine Wagenburg. Dort leben sie völlig autark. Nach Quartzsite gehen sie nur, um im Supermarkt ihre Lebensmittelvorräte aufzufüllen oder an der Tankstelle Nachschub an Benzin oder Diesel für den Generator zu holen. Ich frage mich bis heute, womit sie sich monatelang die Zeit vertreiben. Es gibt dort nichts. Weder einen Pool noch einen Strand, keine Berge oder Wälder zum Wandern, kein Kulturangebot. Nur die Wüste, die Sonne und die anderen Winterflüchtlinge. Nicht

Motorhomes bei Quartzsite, Arizona: Im Winter wird die Wüste Arizonas zum größten Campingplatz der Erde.

einmal Ruhe gibt es, denn Hunderte von Generatoren brummen vor sich hin, um die Wohnmobile mit Strom zu versorgen.

Die Sonora-Wüste wartet noch mit einer anderen kuriosen Ansammlung von Rentnern auf: Sun City. Das Mindestalter, um überhaupt in dieser *Adult City* leben zu dürfen – die nichts mit einem Sex-Klub zu tun hat –, beträgt 55 Jahre (das tatsächliche Durchschnittsalter liegt bei knapp 75). Kinder sind demnach ausgeschlossen. Die Idee zu einer Stadt nur für Senioren hatte der Geschäftsmann Del E. Webb. Den Anstoß gaben mehrere Punkte: Rentner sind gern unter sich, sie mögen kein Kindergeschrei, die trockene und saubere Wüstenluft lindert Beschwerden bei Asthma und anderen Atemwegserkrankungen, unter denen viele Rentner leiden, und die Wärme tut Rheumageplagten gut.

Sun City ist ganz auf die Bedürfnisse älterer Menschen ausgerichtet: Es ist nahezu barrierefrei – die Häuser sind überwiegend ebenerdig und nicht unterkellert, es gibt fast nirgendwo Treppen oder Stufen, die Bordsteinkanten sind abgeflacht –, Einkaufszentren sind über die ganze Stadt verteilt und Läden für den täglichen Bedarf von überall zu Fuß erreichbar. Parks, Grünflächen, Teiche und Golfplätze lockern das Stadtbild auf. Mehrere Freizeitzentren bieten Sportmöglichkeiten an, Tanzabende, Konzerte, Theateraufführungen, Handarbeits- und Fortbildungskurse und noch einiges mehr. Krankenhäuser, Ärzte und Physiotherapeuten kümmern sich um die medizinische Versorgung, und natürlich stehen für den Fall des Falles Pflegedienste bereit. Das Konzept fand derart großen Zuspruch, dass in unmittelbarer Nähe weitere Siedlungen dieses Typs errichtet wurden.

Es sind sterile und künstliche Welten, die mit enormem Energie- und Bewässerungsaufwand mitten in der Wüsten geschaffen und erhalten werden. Auf Jörg und mich wirkte Sun City wie ausgestorben. Die Straßen waren völlig menschenleer, auch in den Gärten rechts und links der Straße war keiner der Bewohner zu sehen. Nach geraumer Weile entdeckten wir wenigstens einen

Gärtner, der mit seinem Laubbläser zugange war. Kurz darauf kam uns ein Polizeiwagen mit Blaulicht und zwei Mann Besatzung entgegen, und der Fahrer bedeutete uns anzuhalten. Verwundert blieb ich stehen. Hatte ich ein Stopp-Schild übersehen? Oder war ich zu schnell gefahren? Konnte eigentlich nicht sein, denn ich war in Schrittgeschwindigkeit dahingekrochen. Die Lösung des Rätsels war so verblüffend wie amüsant. Inständig baten uns die zwei Ordnungshüter, Sun City zu verlassen. Die Telefonleitungen in der Polizeistation würden schon heiß laufen, erklärten sie uns, da ständig besorgte Bewohner anriefen, dass da ein großer Mann mit Begleitung auf einem schweren Motorrad durch die Straßen fahre, die Häuser inspiziere und fotografiere.

Saguaro – der stachelige Gigant

Die Sonora-Wüste kann nicht nur mit riesigen *Motorhome Parks* und raumgreifenden *Adult Cities* aufwarten, sondern auch mit einem Giganten unter den Pflanzen: dem Saguaro oder Kandelaberkaktus. Kaum eine Pflanze ist typischer für eine Wüste als diese Kakteenart für die Sonora.

Der Saguaro kann über 200 Jahre alt werden, die ersten Arme zweigen sich jedoch erst nach 75 Jahren ab. Im Alter von 150 bis 200 Jahren ist er dann 15 Meter hoch, wiegt über zehn Tonnen und hat bis zu 50 Arme. Der Stamm eines solchen Riesen enthält bis zu mehrere Tausend Liter Wasser. Bei heftigem Regen dehnen sich seine kreisförmig angeordneten, vertikalen Rippen wie ein Akkordeon aus und speichern so viel Wasser wie möglich. Die weißen, bis zu zwölf Zentimeter langen Blüten öffnen sich in einer einzigen Nacht im Mai oder Juni, um die Bestäuber anzulocken, darunter Blütenfledermäuse, Spechte und Meisen. Ein Saguaro produziert im Lauf seines Lebens bis zu 40 Millionen Samen, von denen aber vielleicht nur ein einziger für Nachwuchs sorgt, die anderen werden von Nagetieren und Vögeln gefressen oder vertrocknen schlichtweg. Kakteenkeimlinge findet man fast immer unter »Ammenpflanzen«, meistens Schmetterlingsblütlern, in deren Schatten sie vor den extremen Bodentemperaturen von bis zu 70 Grad und der direkten Sonneneinstrahlung geschützt sind. Der Boden unter einer Amme hat zudem eine feinere Struktur, sodass der Keimling leichter Wurzeln schlagen kann. Die Ammenpflanze konkurriert zwar um das Wasser, ihre abgefallenen Blätter spenden aber Nähstoffe. Auch ein Stein kann im Übrigen eine Amme sein. Er kann zwar nicht mit Nährstoffen aufwarten, doch im Boden direkt unter ihm hält sich Feuchtigkeit länger.[41]

Je größer ein Saguaro – oder irgendein Kaktus – wird, desto mehr nimmt sein wasserspeicherndes Volumen im Vergleich zur Oberfläche zu, sodass er immer längere Dürrezeiten durchstehen kann. Gleichzeitig wird die wachsartige Schicht immer dichter, was den Wasserverlust ständig weiter reduziert. Der Saguaro ist daher weniger von Wassermangel als vielmehr von Frost und Blitzschlag, Viehhaltung, Luftverschmutzung und der Zerstörung seines Lebensraums bedroht.

Generell sind in den Wüsten des nord- und südamerikanischen Kontinents Kakteen die vorherrschenden Pflanzen – neben verschiedenen Arten von Yuccas beziehungsweise Palmlilien, wie der Seifen-Palmlilie oder der in den USA unter dem Namen »Joshua Tree« geläufigen Josua-Palmlilie. Die charakteristischen Pflanzen für die Wüsten von Mauretanien bis in den Mittleren Osten sind hingegen Tamarisken und Schirmakazien – und in den Oasen natürlich Dattelpalmen. Noch weiter im Osten, im Himalaja und in der Gobi, dominieren ein Strauch beziehungsweise niedriger Baum namens Saxaul, die Pappel und auch noch Tamarisken. Für die australischen Wüsten wiederum – die ja allenfalls Halbwüsten, wenn nicht gar Trockensavannen sind – sind Stachelkopfgräser typisch, meist als Spinifex bezeichnet, obwohl Letzteres nur an der Küste vorkommt. Auffällig an den Wüsten Australiens ist zudem, dass es nur wenige laubabwerfende und dornenbewehrte Pflanzen gibt. Das eine wird mit den nährstoffarmen Böden, das andere mit dem Fehlen an Pflanzenfressern erklärt.

Auf den ersten Blick weist die Flora der Wüsten dieser Erde also große Unterschiede auf. Doch es sind auch viele Gemeinsamkeiten zu erkennen. So erinnert etwa der in Namibia und im Nordwesten von Südafrika heimische Köcherbaum mit den rosettenförmig angeordneten Blättern am äußeren Ende der Zweige an die in den Wüsten der USA und Mexikos heimischen Yuccas. Der Köcherbaum ist im Übrigen kein Baum, sondern eine überdimensionale Aloe, und die Yucca ist trotz der üblichen Bezeichnung als »Yuccapalme« keine Palme, sondern gehört zur Gattung der Agaven. Ein Grund für solche Ähnlichkeiten im Erscheinungsbild könnte die gemeinsame Vergangenheit sein, als die Kontinente noch zusammenhingen. Vielleicht haben sich aber auch aufgrund gleicher selektiver Faktoren – Wasserarmut, Wind, Hitze – ähnliche Formen und Strategien entwickelt.

Der »typische« Wüstenbewohner

So viele Wüsten erstrecken sich auf den Kontinenten unserer Erde, und es leben dort so viele verschiedene Nomadenvölker – von den Berbern in den nordafrikanischen Ländern über die Afar in Nordostafrika, die Beduinen auf der Arabischen Halbinsel, die Changpa in Ladakh, die Mongolen in der Mongolei bis zu den Athabasken in Nordamerika, um nur einige zu nennen. Und doch entdeckte ich bei Nomaden rund um die Welt viele Gemeinsamkeiten: Es sind Menschen, die sich in extremer Umgebung bewähren müssen und einer harten Arbeit nachgehen, ähnlich wie bei uns in den Bergen ein Hüttenwirt oder Senn. Das prägt. Nomaden sind in der Regel sehr beeindruckende, starke Persönlichkeiten; sie haben einen ausgeprägten Familiensinn, sind naturverbunden, gastfreundlich und hilfsbereit, geradlinig, ohne respektlos zu sein, traditionsbewusst, religiös und zugleich offen. Obwohl sehr viele Nomaden Muslime sind, habe ich es nie erlebt, dass ich als *Nasrani* (Christ) auf Vorbehalte gestoßen wäre. Erstaunen oder gar Unglauben ruft jedoch hervor, wenn man sich als Atheist zu erkennen gibt.

Nomaden und überhaupt Wüstenbewohner überraschten mich immer wieder mit ihrer Toleranz nicht nur in religiösen Fragen, sondern auch in anderen Dingen – einer Toleranz, die meinem Gefühl und meiner Erfahrung nach weit größer ist als bei uns. Es wurde ganz selbstverständlich akzeptiert, dass meine Reisebegleiterin als einzige Frau mit in der Runde im Männerzelt saß. Ein einziges Mal nur, vor über 20 Jahren, erlebte ich es, dass jemand für Distanz zwischen den Geschlechtern sorgen

Karawanen prägen das Klischeebild der Wüsten, sind aber nur noch vereinzelt in der Sahara zu finden.

wollte. Meine damalige Freundin Katja und ich wurden in einem winzigen Dorf in der Sahelzone zum Übernachten eingeladen. Da es auf dem Dach viel angenehmer, weil kühler war als in den stickigen Räumen des Hauses, breitete unser Gastgeber dort oben zwei Matten als Unterlage für unsere Schlafsäcke aus – in sechs Meter Abstand voneinander. Vielleicht wusste er auch nur nicht, wie wir es gern hätten, denn als ich die Matten zusammenschob, zuckte er nur mit den Schultern.

Wüstenbewohner scheinen sich auch viel stärker als wir der Tatsache bewusst zu sein, dass es kulturelle Unterschiede gibt, und drücken ein Auge zu, wenn man in ein Fettnäpfchen tritt. Man muss schon von einem Fettnapf in den nächsten stapfen, um unmissverständlich, wenngleich freundlich darauf hingewiesen zu werden.

Viele Reisende, speziell, wenn sie im Schutz einer Gruppe unterwegs sind, brechen dreist und ganz bewusst Anstandsregeln.

Es muss doch jedem klar sein, dass es ein Affront ist, als Frau im knappen Bikini in einer Oase zu baden, oder dass es extrem unhöflich ist, mit Vollgas auf eine Nomadenbehausung zuzubrettern und erst im letzten Moment abzubremsen. Da muss man sich nicht wundern, wenn man nicht mit offenen Armen empfangen wird, denn: Wie man in die Wüste hineinruft, so hallt es zurück. Wenn man hingegen die Formen der Höflichkeit wahrt – sein Fahrzeug in gebührlichem Abstand zum Halten bringen, die Sonnenbrille abnehmen, wenn man mit jemandem redet, erst grüßen, bevor man fragt, wo der nächste Brunnen oder die Abzweigung nach XY ist – und positiv und offen auf die Menschen zugeht, wird man mit Freundlichkeit und oft sogar Herzlichkeit belohnt. Das ist aber nicht nur in der Wüste so, sondern ist *auch* in der Wüste so.

Nomaden sind anfangs oft verhalten, vielleicht sogar ein bisschen misstrauisch, wenn sich Fremde nähern, was ich für durchaus nachvollziehbar halte, da sich in der Wüste auch einiges Gelichter herumtreibt. Und so wie bei uns manche Menschen Vorurteile gegen Ausländer oder ein verzerrtes Bild von ihnen haben, ist dies auch bei dem einen oder anderen Nomaden der Fall – nicht zuletzt dank dem Fernsehen, das mittels Satelliten bis in die letzte Ecke auch von Wüsten vorgedrungen ist.

Alles in allem stellte ich immer wieder fest, dass die Wüstenbewohner viel entspannter sind und ein beschaulicheres Leben führen als wir Mitteleuropäer. Wie lange noch, frage ich mich manchmal und muss dann an die Filmreihe *Heimat* von Edgar Reitz denken, eine Chronik des einfachen Lebens in Deutschland von 1919 bis 1999. Vom politischen Geschehen abgesehen – Nazi-Diktatur, Zweiter Weltkrieg, Teilung Deutschlands, Kalter Krieg, RAF-Terror, Wiedervereinigung –, führten auch wir bis vor wenigen Jahrzehnten ein ruhigeres Leben. Doch wie schnell hat sich das geändert. Auf dem Land mag es vielerorts noch bedächtig und gemütlich zugehen, doch in der Stadt kämpfen wir heute auch ohne Kriege an allen Fronten. Die Arbeitswelt ist enorm anspruchsvoll geworden und zwingt uns, ständig auf dem Laufenden zu bleiben, die meisten von uns, in erster Linie sind es immer noch die Frauen, vollführen tagtäglich einen Spagat zwischen Berufs- und Privatleben, die Kindererziehung wird immer anspruchsvoller, man hetzt mit den Kleinen vom Ballett- zum Reitunterricht und weiter zur Nachhilfestunde. Selbst Kindergeburtstage arten zunehmend in Stress aus, da es sich einzubürgern scheint, dass nicht nur das Geburtstagskind, sondern auch alle eingeladenen kleinen Gäste ein Geschenk erhalten. Da wir immer älter werden, muss immer öfter die Pflege eines Elternteils oder gar beider Eltern organisiert werden. Auch das Bild nach außen muss stimmen: ein schönes Heim, ein tolles Auto, mindestens ein Traumurlaub pro Jahr. Und bei alledem sollen wir auch noch glücklich, fit, schlank und gepflegt sein.

Bei solchen Überlegungen gerate ich stets in einen Zwiespalt. Wenn ich sehe, wie zufrieden und ausgeglichen die meisten Wüstenbewohner mit ihrem einfachen Leben sind, wünsche ich mir, dass es noch möglichst lange so bleibt, wie es ist. Das hieße aber, dass auch vieles Schlechte so bleiben würde, wie es ist: mangelnde medizinische Versorgung, mangelnde Bildung, hohe Säuglingssterblichkeit und geringe Lebenserwartung, um nur einige Punkte zu nennen.

Von echter und falscher Gastfreundschaft

Aller Vorsicht und Zurückhaltung zum Trotz sind Nomaden gastfreundlich und laden auch mal völlig Fremde zum Tee ein – etwas, das uns wohl kaum in den Sinn kommen würde. Doch wie überall auf der Welt wird dort, wo die Tradition gepflegt wird, Gastfreundschaft höher gehalten als im modernen Umfeld. Eine Einladung zum Tee an touristischen Hotspots wie zum Beispiel der Straße der Kasbahs erfolgt mit an Sicherheit grenzender Wahrscheinlichkeit nicht aus Gastfreundschaft, sondern mit dem Hintergedanken, dem »Gast« einen Teppich oder andere Handarbeiten anzudrehen.

Eine Einladung seitens traditioneller Nomaden ist eine wunderbare Gelegenheit, einen Blick in das Alltagsleben in der Wüste zu werfen. An eine Einladung erinnere ich mich bis heute gern. Im letzten Tageslicht erreichten Elke und ich den von Dutzenden Jurten gesäumten Karakulsee im Pamir auf über 4000 Meter Höhe. Es war eiskalt, und so freuten wir uns sehr, als uns ein junger Hirte in eine Jurte bat. Ein bisschen Aufwärmen würde uns guttun. In der Jurte, die sich drei Generationen der Kirgisenfamilie teilten, hieß uns Mirkamil, das äußerst charismatische und zugleich sanftmütige Familienoberhaupt, herzlich willkommen und wies uns sogleich einen Platz am Ofen zu, dem Mittelpunkt der Jurte und des Familienlebens. Wir mussten wirklich sehr verfroren ausgesehen haben, denn obwohl der Ofen bereits glühte, wurde eilends getrockneter Yakdung nachgeschoben. Angesichts der klirrenden Kälte draußen ließen wir uns nicht lange bitten, als Mirkamil uns einlud, die Nacht in seinem wohlig warmen Zuhause zu verbringen. Seine Frau tischte reichlich Yakfleisch und Nudeln auf und richtete uns schließlich ein behagliches Lager aus Yakfellen. Elke und ich schliefen wie im Himmel.

Es ist keinesfalls so, dass Nomaden aus Freude über etwas Abwechslung jeden Vorüberkommenden in ihr Zelt oder in ihre Jurte zerren würden. Andererseits ist es für sie beinahe selbstverständlich, einem anderen Unterschlupf bei schlechtem Wetter zu gewähren und das Essen mit ihm zu teilen oder bei einer Panne zu helfen. Denn wenn sie es nicht tun, wer dann? Schließlich gibt es nicht alle paar Hundert Meter eine Notrufsäule oder in Laufweite zwei Hotels und drei Supermärkte. Bei uns ist die Denkart eine völlig andere. Wenn wir auf dem Pannenstreifen einer Autobahn ein liegen gebliebenes Auto sehen, gehen wir davon aus, dass der Fahrer per Handy den Pannendienst gerufen hat, oder zählen darauf, dass ein anderer Autofahrer anhält. Sind ja genug unterwegs. Selbst stehen zu bleiben und Hilfe anzubieten kommt den wenigsten in den Sinn.

Unzählige Male hatte ich auf meinen Reisen eine Reifenpanne, kämpfte mit streikenden Anlassern, leckgeschlagenen Tanks, steckte mit dem Auto im Sand fest oder war mit dem Motorrad abgerutscht und gestürzt. Und nie habe ich es erlebt, dass Einheimische achtlos an mir vorbeigefahren wären. Immer wurde mir geholfen, egal ob die Reparatur fünf Minuten oder eine Stunde dauerte, egal wie viel Dreck und Öl meine Helfer dabei abbekamen. Und ich lernte viel dabei, zum Beispiel, dass ein Schlag mit dem Hammer einen klemmenden Anlasser in Gang bringt oder dass man einen lecken Kühler mit Kautabak und einen tropfenden Tank mit Seife abdichten kann. Der Einfallsreichtum und die Geschicklichkeit dieser Menschen, die ohne ADAC und Gelbe Engel aufwachsen, sind verblüffend. Ebenso die Haltbarkeit ihrer Arbeit. 2004 nähte im Sudan ein Schmuggler mit einer dicken Schnur einen langen Riss im Vorderreifen meines Motorrads. Obwohl die Maschine mit einer Unmenge

Sudanesische Lkw-Fahrer haben meinen Vorderreifen genäht. So fuhr ich bis nach München, wo die deutsche Polizei mich stoppte.

an Gepäck, mit Elke und mir schwer beladen war, hielt die Naht bis zum Hafen von Alexandria, wo wir ein Schiff bestiegen, und weiter von Genua bis nach München. Kurz vor dem Autobahnende am Stadtrand von München gerieten wir in dichtem Schneetreiben in eine Verkehrskontrolle. Ungläubig starrten die beiden Polizisten auf den behelfsmäßig geflickten Reifen und entdeckten dann dummerweise auch noch, dass der TÜV abgelaufen war. Willkommen zu Hause.

Von Jurten und Zelten, Ziegen und Yaks

Auch wenn sich Wüstenbewohner in vielem ähneln, so gibt es doch auch viele Facetten und teils gravierende Unterschiede. Diese liegen aber weniger in ihrem grundsätzlichen Wesen als vielmehr darin, in welcher Art und Weise sie sich an ihr Lebensumfeld angepasst haben. Die Wüste stellt nicht überall dieselben Ressourcen zur Verfügung, daher sind zum Beispiel die Behausungen recht unterschiedlich: Die Tubu im Tibesti-Gebirge decken ihre Rundhütten mit Matten ab, die sie aus Schilfrohr flechten, das an den Seen von Ounianga wächst. Ihre »Nachbarn«, die Tuareg, verwenden Baumwollstoffe, Kamelhaarfilz oder Ziegenleder als Zeltplanen. Dieselben Materialien werden in den west- und zentralasiatischen Wüsten, besonders in der Mongolei, in Kirgisistan und Kasachstan, genutzt, um die Jurten zu isolieren, allerdings in mehreren und unterschiedlichen Schichten. Jurten sind offenbar bis heute der beste Schutz gegen Kälte, denn während in anderen Wüsten die traditionellen Behausungen oft »modernen« Holz- oder Wellblechhütten und Quartieren aus Kunststoffplanen gewichen sind, sind Jurten immer noch allgegenwärtig. Die Berber leben vereinzelt in Höhlenwohnungen, beispielweise im tunesischen Matmata – mittlerweile eine Touristenattraktion – oder im marokkanischen Bhalil, die sie in leicht zu bearbeitendes Gestein graben oder rund um eine dem Lehmboden abgerungene Vertiefung anlegen, die als Innenhof fungiert. Die Bewohner des Altiplano in Lateinamerika verwenden den Lehm in anderer Weise: Sie formen ihn zu Ziegeln *(adobes)* und errichten damit Häuschen in der sogenannten Adobe-Bauweise.

Fast so verschieden wie die Wohnformen sind auch die Arten der Nutztiere. Als Erstes fällt einem dabei in der Regel das Kamel ein. Tatsächlich ist es im Altweltlichen Trockengürtel ein weit verbreitetes Nutztier. Es dient zumeist aber nur als Transportmittel und als Milch- und Wolllieferant – eine Rolle, die in den höheren Lagen Zentralasiens das Yak übernimmt. Wenn es um Fleisch geht, setzen die meisten Wüstenbewohner jedoch auf Ziegen oder Schafe.

Auf dem Altiplano ist das Lama alles in einem: Woll- und Fleischlieferant sowie, wenngleich in weit geringerem Maß als früher, auch Lasttier. Alpakas und Vikunjas werden hauptsächlich zur Wollgewinnung gehalten. Alle drei gehören im Übrigen, ebenso wie die wildlebende Stammform des Lamas, das Guanako, zur Familie der Kamele beziehungsweise Kameliden und werden, da sie in der Neuen Welt zu Hause sind, »Neuweltkamele« genannt. Vor der eisigen Kälte in Höhen von 3 700 bis 5 000 Metern schützt sie ihr dichtes Fell. In der extrem dünnen Luft ihres Lebensraums hat sich im Lauf der Evolution das Herz stark vergrößert, sodass dessen relatives Gewicht fast 50 Prozent über dem gleich großer anderer Säugetiere liegt. Darüber hinaus kann ihr Blut Sauerstoff besonders effizient in den Lungen binden und in die Gewebe befördern – eine weitere äußerst wichtige Anpassung an das Leben in großen Höhen.

Auch bei der Verwertung der Tiere gibt es Unterschiede. Die Tuareg beispielsweise höhlen Ziegen aus und verwenden den Balg als Wasserbehälter. Dank der leicht porösen Haut verliert eine solche *Guerba* immer etwas Wasser und erzeugt so Verdunstungskälte, die das Wasser kühlt. In meinen ersten Jahren in der Wüste gab es bei Expeditionsausrüstern noch Wassersäcke aus Textil, die sich dieses Prinzips bedienten. Eine Guerba wird unterwegs unter dem Bauch eines Kamels befestigt, wo sie am wenigsten Sonne abbekommt. Am Lagerplatz wird sie zwischen zwei in den Boden gerammten Stöcken oder am Zelt

befestigt. Eine Guerba baumelt auch praktisch an jedem Wagen oder Lkw, wo der Verdunstungs- beziehungsweise Kühleffekt besonders hoch ist, da ein Fahrzeug nun mal schneller »geht« als ein Kamel. Manchmal lassen die Tuareg das Fell an der Haut, um die Guerba gegen Sonneneinstrahlung zu schützen.

Der Wunsch nach kühlem Wasser – ob zur innerlichen oder äußerlichen Erfrischung – ist natürlich nur in den heißen Wüsten ein Thema. Im Himalaja etwa würde keiner auf die Idee kommen, Wasser zu kühlen, weil es zum einen genügend kaltes Gletscherwasser gibt und weil es zum anderen nicht sonderlich warm ist. Die Haare der Ziegen werden dort denn auch lieber zu wärmendem Filz verarbeitet.

Aufgrund der unterschiedlichen Klimata in den Wüsten ist auch die Art der Öfen beziehungsweise Feuerstellen verschieden. Die Nomaden Zentralasiens etwa brauchen nicht nur eine Kochstelle, sondern müssen ihre Jurten im Winter auch beheizen können, denn bei minus 30 oder 40 Grad reichen selbst mehrere Lagen aus Filz- oder Wollmatten, mit denen die Jurte dann eingehüllt wird, nicht aus, um die Behausung einigermaßen warm zu halten. Entsprechend viel Brennmaterial brauchen sie. Da Holz in dieser Gegend noch rarer ist als in anderen Wüsten und den Bedarf bei Weitem nicht decken könnte, wird in erster Linie getrockneter Dung – Fladen der Kamele oder Yaks, seltener die Kötel von Schafen und Ziegen – verfeuert, der auf den Weideplätzen einfach eingesammelt wird.

Aber auch die Hinterlassenschaften, die sich in den Pferchen ansammeln, in denen die Tiere die Nacht verbringen, werden genutzt. Zumindest im Himalaja habe ich das so beobachtet. In den Pferchen geht es recht beengt her, sodass auf relativ kleinem Raum viel Kot anfällt, auf dem die Tiere stehen, gehen und lie-

Jurten im Pamir: Die typischen Behausungen Zentralasiens sind windsicher, gut zu heizen und vor allem transportabel.

gen. Das Ganze wird dadurch schön gleichmäßig verteilt und festgetreten. Und da das Nacht für Nacht so geht, entsteht mit der Zeit eine dicke Schicht, die schließlich, ähnlich wie beim Torfstechen, mit einem Spaten abgetragen wird. Allerdings werden diese »Briketts« nicht verheizt – ich vermute wegen des beißenden Urins, der darin enthalten ist –, sondern im Tiefland als Dünger auf den Feldern ausgebracht.

Es gibt verschiedene Projekte der Deutschen Gesellschaft für Internationale Zusammenarbeit (GIZ), erneuerbare Energie zum Kochen zu nutzen. Das Problem dabei ist, dass so manche vermeintliche Lösung zwar gut gemeint, aber nicht alltagstauglich ist, etwa der Solarkocher: Da er keine Vorrichtung hat, um die Sonnenenergie zu speichern, braucht er direkte Sonneneinstrahlung. Bei angenehmen Tagestemperaturen wäre das kein Thema, doch wer will schon im Sommer in der Sahara in der prallen Sonne kochen? In vielen Kulturen wird zudem erst nach Sonnenuntergang gegessen. Noch nie habe ich einen Solarkocher im Einsatz gesehen, dafür umso öfter die Schrottteile, zuletzt vor den Klöstern in Ladakh. Ein weit klügerer Ansatz sind Herdmodelle, die nach dem herkömmlichen Prinzip funktionieren, jedoch das vorhandene Brennmaterial – ob Holz, Holzkohle oder Dung – effektiver nutzen.

Der Mangel an Brennmaterial führt mancherorts zu fatalen Folgen, wie ich in Tadschikistan in der Nähe von Murghab erlebte. Mit der Unabhängigkeit der ehemaligen Unionsrepublik der UdSSR im Jahr 1991 blieben die Kohle-, Öl- und Gaslieferungen aus der Sowjetunion aus; die Energieversorgung brach komplett zusammen. Seither werden in den Wüstenregionen des tadschikischen Pamirgebirges die Öfen mit Teresken befeuert, der einzigen holzigen Pflanze, die dort überhaupt wächst. Und da der extrem langsam wachsende Zwergstrauch hauptsächlich aus verholzten Wurzeln besteht – das Spross-Wurzel-Verhältnis kann bis zu 1:40 ausmachen –, wird er mithilfe eines

Grabstocks samt seiner Wurzeln aus der Erde gestochen. Damit sägen die Tadschikenstrauch in mehrerlei Hinsicht an dem Ast, auf dem sie sitzen: Der Tereskenstrauch ist oft die einzige Pflanze weit und breit, die den Boden vor Erosion schützt, und das einzige Futter für die Ziegen, Yaks und Schafe. Trotz der absehbaren katastrophalen Folgen des Raubbaus – ganze Lkw-Ladungen werden gestochen und in den umliegenden Dörfern verkauft – kann man den Menschen keinen Vorwurf machen, denn solange die Regierung die Energieversorgung nicht in den Griff bekommt, liegt die einzige Möglichkeit, die bitterkalten Nächte mit bis zu minus 60 Grad zu überstehen, für viele Einwohner darin, Teresken zu verfeuern. Die GIZ versucht auch hier seit Jahren, den Verbrauch von Brennmaterial einzudämmen, allem voran durch Dämmung der zugigen Lehmhäuser. Bei einer Reise durch das Pamirgebirge im Jahr 2010 brachte ein Mitarbeiter von der Gesellschaft für Technische Zusammenarbeit (GTZ) – die mittlerweile in der GIZ aufgegangen ist –, Jörg und mich zu einem Haus, dessen Fußboden und Decke mit einheimischen Algen isoliert worden waren. Der Effekt war deutlich spürbar.

Ob bessere Öfen oder Dämmung der Häuser: Die Anstrengungen der verschiedensten Entwicklungshilfeorganisationen sind vereinzelte Leuchtturmprojekte und trotz aller Bemühungen nur ein Tropfen auf dem heißen Stein. Viele Neuerungen und Ideen, die den Wüstenbewohnern das Leben erleichtern würden, dringen schlichtweg nicht in die oft abgelegenen Gebiete vor beziehungsweise zu den Menschen durch. Und da, wo sie ankommen, wird ihr wirtschaftlicher und/oder ökologischer Erfolg oft genug durch das Bevölkerungswachstum zunichtegemacht.

Die Tuareg brauchen ihre Zelte verständlicherweise weder zu isolieren noch zu beheizen. Da sie trotzdem äußerst sparsam mit dem wenigen Brennbaren umgehen müssen, das auf ihren weiten Wanderungen zu finden ist, wird man bei ihnen nie ein loderndes Feuer sehen. Ein paar Holzscheite genügen ihnen, um

Essen und Tee zu kochen. Um eine *Taguella,* einen Brotfladen, zu backen, bauen die Tuareg einen natürlichen Backofen: Sie lassen in einer Kuhle Holzscheite zu Glut und Asche verbrennen. Dann streuen sie eine dünne Schicht Sand darüber und legen die Taguella darauf. Diese bedecken sie wiederum mit Sand und einem Gemisch aus Glut und Asche, das sie immer wieder anfachen.

Da Holz selten zu finden ist, wird jedes noch so kleine Stück eingesammelt. Man wird keinen Karawanier treffen, der seine Kamele nicht mit Fundstücken bepackt, keinen »Toyota-Nomaden«, auf dessen Pick-up-Ladefläche nicht ein paar Holzprügel oder Äste liegen.

Zwischen Tradition und Toyota – Nomadenleben heute

Vor 40 Jahren, als ich mit meinen Wüstenreisen begann, war die Kultur der Nomaden noch höchst lebendig, heute ist sie fast verschwunden, denn es findet ein rasanter, grundlegender, fast brutaler Kulturwandel statt.

Bei meinen ersten Wüstenreisen sah ich fast nur traditionell gekleidete Nomaden. Heute ist das ein seltener Anblick geworden, da wir Europäer die ärmeren Länder mit unserer Altkleidung überschwemmen, und die Chinesen steuern ihren Anteil durch Billigkleidung bei. Noch ist nicht alles Althergebrachte verloren. Der Familiensinn hat bislang überdauert, ebenso Liedgut, mystische oder religiöse Vorstellungen und vor allem die Sprache. Doch wie lange noch?

Der Familiensinn war für Nomaden seit jeher die Voraussetzung, um überhaupt zu überleben, da das Wüstenleben wirtschaftlich gar nicht genug Möglichkeiten bietet, dass jeder Einzelne ein Einkommen generieren könnte. Die Familie muss daher zusammenhalten – fast möchte ich sagen: notgedrungen –, und das betrifft nicht nur die engere Familie mit Eltern und Kindern, sondern schließt Großeltern, Geschwister und weitere Angehörige mit ein. Wenn ein Verkehrspolizist in Niamey, N'Djamena oder Ouagadougou einem Verkehrsteilnehmer ein Bußgeld abknöpft für ein Vergehen, das dieser nicht begangen hat oder das der Polizist gerade erst erfunden hat, oder wenn der Nachtportier im Hotel ständig die Hand aufhält, dann womöglich nicht aus reiner Habgier, sondern weil er der Einzige in seiner Familie ist, der ein regelmäßiges Einkommen hat, und weil zehn, 20 oder

Dieser zwölfjährige Junge aus dem Oman steuerte den Toyota Land Cruiser seines Vaters souverän und sicher durch die Dünen der Ramlat al-Wahiba.

noch mehr Verwandte von seinem »Verdienst« abhängen. Der Polizist und der Nachtportier werden jede Gelegenheit nutzen, um zu ihrer Familie *en brousse* zu fahren. Und sie werden jeden Centime sparen, um ihre Angehörigen unterstützen zu können. Der Zusammenhalt ist immer noch da, trotz der räumlichen Distanz und der unterschiedlichen Lebensweisen. Von einer Individualisierung, wie wir sie seit Jahrzehnten erleben, sind die (ehemaligen) Wüstenbewohner und überhaupt die Menschen in den ärmeren Ländern noch meilenweit entfernt. Ein Anteil an Single-Haushalten von über 50 Prozent, wie wir ihn etwa in München, Regensburg, Leipzig oder Flensburg haben, ist dort unvorstellbar.

In Namibia vollzog sich der Kulturwandel erschreckend schnell. Als ich im Jahr 2000 durch das Kaokoveld im Norden des Landes reiste, bestand das kleine Dorf Purros aus nur drei Hütten. Bei meinem nächsten Besuch, 2008, gab es bereits einen kleinen Laden, und nur zwei Jahre später standen in Purros mehrere Dutzend Häuser, und es wurde gerade eine Lodge gebaut. Geschuldet ist diese Entwicklung zum einen koreanischen und chinesischen Firmen, die im Kaokoveld nach Rohstoffen suchen, zum anderen der großen Zahl von Allrad-Touristen, die dem Mythos der Himba, der letzten Nomaden Namibias, nachspüren wollen. Himba sind in Purros jedoch kaum anzutreffen, es sind vorwiegend Herero, die dort leben. Die Herero züchten zwar wie die Himba Rinder, sind aber sesshaft.

Auch zwischen Orupembe und Kaoko Otavi hatte sich viel verändert. Neben den traditionellen, auf Zeit gebauten Hütten standen nun moderne Nylonzelte. Viele Himba-Männer, die erstaunlich lange an ihren alten Werten festgehalten hatten, trugen nun europäische Altkleidung oder billige asiatische Nylonklamotten. Nur der Hirtenstock erinnerte noch daran, dass sie einmal Nomaden waren. Einige Himba jedoch halten eisern an ihren nomadischen Traditionen fest, als ob sie wüssten, dass die westliche Zivilisation ihnen nichts als Verelendung zu bieten hat.

Natürlich kann das Kaokoveld kein Ethnomuseum für Europäer auf der Suche nach Nomadenromantik sein, trotzdem stimmte mich die Entwicklung traurig, da die Veränderungen nicht aus eigenem Antrieb der Himba erfolgen, sondern vielmehr von außen herangetragen werden und ihnen viel von ihrer Würde und Kultur nehmen. »Es ist frustrierend, wie sich die Dinge nun verändern«, klagte Mary Seely, die Grande Dame der Wüstenforschung und international renommierte Expertin für Wüstenökologie, bei unserem Treffen in der namibischen Hauptstadt Windhoek. Sie sieht ihren lebenslangen Kampf für den Schutz der Namib in Gefahr. »Wüsten haben keine Lobby«, konstatierte sie ein wenig resigniert. Und das gilt ebenso für die Wüstenbewohner.

Manchmal jedoch geschehen noch Wunder: Das Staudammprojekt, das an den Epupa-Fällen am Kunene-Fluss an der Grenze zu Angola geplant war und große Teile des Weidegebietes der Himba unter Wasser gesetzt hätte, ist nach langem Hin und Her endlich – und wie es scheint endgültig – vom Tisch.

Im August 2018 war ich wieder einmal in Ladakh. 20 Jahre davor waren die Menschen dort noch traditionell gekleidet, viele hatten Gebetsmühlen in der Hand, waren Viehzüchter oder Bauern. Dieses Mal habe ich keinen einzigen Menschen mit einer Gebetsmühle gesehen, aber Tausende mit einem Handy. Die Dörfer sind teilweise verlassen, die Felder liegen brach, weil die Jungen nach Delhi oder in eine andere Stadt abgewandert sind. Wenigstens die Wildesel sind geblieben. Es gibt allenfalls noch eine Zwischenform zum modernen Menschen, die »Toyota-Nomaden«. Sie verladen die Tiere und ihre Habe auf die Ladefläche ihres Pick-ups und transportieren sie zum nächsten Weideplatz. Vorbei die Zeiten, als man die Herde in oft tagelangen Märschen vom letzten Sommerlager ins Winterquartier trieb.

Erschreckend dabei ist, dass durch den Wandel innerhalb einer einzigen Generation Wissen verloren geht, das über die Jahrhunderte gesammelt und von einer Generation an die nächste überliefert worden war: wie man ein Zelt baut, wie man ein Kamel sattelt, wo man zu welcher Jahreszeit Wasser findet. Insofern finde ich es eigenartig, dass, wenn über Wüsten geredet wird, ganz oft über den Klimawandel gesprochen wird und wie sehr er die Menschen gefährdet und ihr Leben verändert, dass aber der Kulturwandel und die Zerstörung alter Lebensweisen im Allgemeinen kein Thema sind.

Ich bin, was diese Entwicklung angeht, hin und her gerissen. Nicht nur das Nomadentum, das Wüstenleben generell erlebt einen Kulturwandel, so auch das der Oasenbewohner; nur ist der Wandel bei ihnen nicht gar so augenfällig, weil sie von jeher weniger traditionsbewusst waren als die Nomaden. Als Fotograf will ich natürlich das traditionelle Leben einfangen, will Bilder von Frauen schießen, die in überlieferter Tracht das Wasser im Tonkrug vom Brunnen holen und sich zu Hause auf einem alten Lederhocker niederlassen und nicht in Jeans und T-Shirt einen Plastikkanister schleppen und in ihrem Zelt oder ihrer Jurte auf einem Plastikstuhl sitzen. In manche Länder mag ich gar nicht mehr fahren, weil alles Schöne, was ich damit verbinde, verschwunden ist. Vor einigen Jahren machte ich den Fehler, nach Marokko zurückzukehren. Von dem exotischen Flair, das Land und Leute Anfang der 1980er-Jahre ausstrahlten, war kaum mehr etwas übrig. Die Jugendlichen in Casablanca, Marrakesch oder Erfoud sind nicht anders gekleidet als in München oder Wien. Der Blick in die Landschaft verheddert sich in den Leitungen von Strom- und Telefonmasten. Die Esel sind durch kleine Billigmotorräder ersetzt, und in fast allen größeren Städten findet man Filialen der clownbewehrten US-amerikanischen Fast-Food-Kette sowie billiger Modelabels wie H&M oder Zara. Für mich als Fotograf und Romantiker war diese Reise eine bittere Enttäuschung.

Wehmütig frage ich mich in solchen Momenten, wie lange wohl noch so einzigartige Ereignisse wie das Pushkar-Fest in der gleichnamigen Oase am Rande der Wüste Thar in Rajasthan, Indien, erhalten bleiben werden. Dieses farbenprächtige Fest, auch unter dem Namen Kartik Purnima bekannt, wird alljährlich im Monat *Kartik* – etwa Mitte Oktober bis Anfang November – gefeiert und endet für Gläubige Hindus mit einem rituellen Bad im Pushkar-See bei Vollmond *(Purnima).* Hunderttausende Bauern, Pilger, Händler, Viehzüchter, Musikanten, Schausteller und Schaulustige lockt das fünftägige Spektakel an, in dessen Rahmen unter anderem auch der weltgrößte Kamelmarkt stattfindet. Zigtausende Kamele, bis heute das wichtigste Transportmittel und Lasttier in der Wüste Thar, drängen sich dann auf den Dünen vor der Stadt. Manche der Tiere sind mit Zierrat behangen, andere auf Hochglanz gestriegelt, wieder anderen wurden kunstvolle Muster ins Fell rasiert. Neben Kamelen werden Büffel, Pferde und anderes Vieh gehandelt, an unzähligen Buden Schmuck, Kleidung und Haushaltswaren feilgeboten. Knallbunt bemalte, von Hand betriebene Karussells locken die Kinder an. Viele Erwachsene haben sich in Schale geworfen. Selten sieht man so viele verschiedene Trachten wie auf diesem Jahrmarkt. Um noch auf einen Flecken wie diesen zu stoßen, der unserem von romantischen Vorstellungen geprägten Wüstenbild entspricht, muss man mittlerweile bis in die »hintersten Ecken« der Wüsten reisen.

Ich will das alte Leben keineswegs idealisieren, denn sicher war früher nicht alles gut, und in manchen Regionen bringt der Wandel durchaus einige Vorteile für die Menschen mit sich: dass sie nun Strom und sauberes Wasser sowie Zugang zu medizinischer Versorgung haben, dass die Kinder, vor allem auch die Mädchen, die Schule besuchen können. Doch das ist nicht überall so, und in vielen Aspekten hinkt die Entwicklung hinterher, zum Beispiel, was die Menschenrechte angeht. Und im Zweifel haben die Menschen, die noch in der Wüste leben, Handyempfang, aber weder sauberes Wasser noch eine medizinische Versorgung. Und mancherorts hat sich das Leben der Wüstenbewohner durch den Wandel nicht verbessert. Im Gegenteil. Es ist oft ein schäbiges, ein armseliges Leben, in dem nichts mehr so richtig zusammenpasst: Die moralischen, die gesellschaftlichen und die religiösen Vorstellungen sind von gestern, die Technik, wie Handy oder Auto, und die Klamotten sind von heute.

Wo ein Toyota noch lange ein Traum bleiben wird

In manchen Ländern ist von einem Wandel bislang nicht viel zu spüren. Sie zählen zu den ärmsten Staaten der Welt: Tschad, Niger, Mali und Mauretanien. Nirgends sonst haben sich althergebrachte Lebensweisen so stark gehalten wie dort. Das liegt jedoch keineswegs daran, dass die Bevölkerung besonders traditionsbewusst wäre, sondern hat seinen Grund vielmehr in der Tatsache, dass in diesen Ländern bis heute keine nennenswerte wirtschaftliche Entwicklung stattfindet. Den Nomaden und Oasenbauern bleibt mangels Alternativen gar nichts anderes übrig, als an der Lebensweise ihrer Vorväter festzuhalten. Ein Toyota wird für die meisten Menschen dort noch lange ein Traum bleiben. Die Frauen laufen immer noch kilometerweit zu Fuß, um Wasser zu holen, und die Händler transportieren ihre Waren wie in Urzeiten auf Lastkamelen. Karawaniers reiten übrigens nicht, sondern marschieren neben ihren Tieren her, damit deren Nutzlast ausschließlich für Waren zur Verfügung steht.

Zwischen meinem ersten Aufenthalt im Tschad im Jahr 1987 und meinem bislang letzten Anfang 2014 lagen 27 Jahre, und dennoch hatte sich im Norden nichts, aber auch gar nichts verändert. Brunnen, die damals defekt waren, waren es immer noch und förderten, wenn überhaupt etwas, dann salziges Wasser. Die nächste Krankenstation war Tagereisen entfernt, es gab keinen Strom, geschweige denn öffentliche Verkehrsmittel. Die Menschen lebten wie bei meinem ersten Besuch von ihren Herden, vom Ertrag kleiner Salzminen und einiger Dattelpalmen. Auf dem Papier hat sich der Tschad zwar von seinem Status als ärmstes

Land der Welt verabschiedet, seit man im Doba-Becken im Süden Erdöl gefunden hat. Das Pro-Kopf-Bruttoinlandsprodukt stieg seither deutlich an, doch immer noch leben 80 Prozent der Bevölkerung in absoluter Armut, denn Präsident Idriss Déby, Staatsoberhaupt und Regierungschef in einem, steckt die Erlöse aus dem »schwarzen Gold« lieber in die eigene Tasche und die Taschen seiner Gefolgsleute oder investiert sie eher ins Militär als in die Bildung der Bevölkerung, den Bau von Krankenstationen oder in die Infrastruktur des Landes. Wieder einmal wiederholte sich auch in diesem Land das Drama Afrikas: Die Reichtümer des Kontinents kommen vor allem den oft korrupten Eliten und ausländischen Konzernen zugute. Ich erinnere mich an ein Dorf, in dem es bei meiner ersten Reise zwar ein Schulgebäude gegeben hatte, in dem aber kein Unterricht stattfand, weil die Regierung es nicht schaffte, einen Lehrer dorthin zu schicken. Fast 30 Jahre später hatte die Schule immer noch keinen einzigen Schüler gesehen. Neue Schulbänke, von einer Hilfsorganisation gespendet, standen vor der Tür, denn das Gebäude wurde längst für andere Zwecke genutzt.

In der Republik Niger sieht es nicht viel besser aus. Die Schulen sind zumeist miserabel ausgestattet, oft fehlt es gar am Allernötigsten, und die Lehrer warten manchmal monatelang auf ihr ohnehin mageres Gehalt. In der Oase Fachi mitten in der Ténéré besuchte ich eine Schule, auf der all dies zutraf. Die Mädchen und Jungen im Alter von sechs bis 16 teilten sich ein Klassenzimmer. Nur ein paar Kinder hatten ein Schulheft, als Lehrmaterial standen für sämtliche Jahrgänge nur drei französische Schulbücher zur Verfügung, und es gab nicht einmal Kreide für die Tafel. Der einzige Lehrer, ein Mann aus der Hauptstadt Niamey, unterrichtete all diesen Widrigkeiten zum Trotz mit großem Engagement. Er war – wie im Übrigen auch viele afrikanische Väter und Mütter – davon überzeugt, dass nur Bildung den Ausweg aus der Armut weist.

Handywerkstatt in Mali: Mobiltelefone sind inzwischen auch im Sahel weitverbreitet und werden immer wieder repariert.

Zurück in Deutschland, sammelten unsere Kinder in ihren Schulen nicht mehr benötigte Hefte, Schreibblöcke, Stifte, Kreide und dergleichen ein, und meine Mutter, die Französisch unterrichtete, steuerte etliche französische Lehrbücher bei. Ein halbes Jahr später kehrten wir nach Fachi zurück. Wir waren klug genug, unsere »Schätze« nicht direkt den Kindern zu geben, denn das hätte nur zu einem Tumult geführt. Stattdessen warteten wir, bis die Kinder in einer Pause ins Freie gestürmt waren, und überreichten unsere Ausbeute dann dem Lehrer. Der Mann war so gerührt, dass er erst gar keine Worte fand. Schließlich stammelte er, mit einem fast sichtbaren Kloß im Hals, einen Dank und rief mit einer Glocke, die an einer Schnur vor der Tür des Gebäudes hing, die Schüler ins Klassenzimmer. Es war unglaublich berührend, fast schon beschämend, wie sehr sich die Kinder über unsere doch so einfachen Geschenke freuten.

Diese Geschichte zeigt, wie man sogar mit Kleinigkeiten helfen kann. Es sind nicht unbedingt die großen, unglaublich viel Geld verschlingenden Projekte der Entwicklungshilfe wie ein Staudamm oder ein neuer Hafen, die der Bevölkerung helfen, wirtschaftlich auf die Füße zu kommen, sondern die kleinen sogenannten Barfuß-Projekte, Privatinitiativen, die durch das Spenden von Gegenständen des alltäglichen Lebens die Menschen vor Ort in die Lage versetzen, sich selbst zu helfen. Privat initiierte Hilfsprojekte setzen meiner Erfahrung nach eher am Kern des Problems an.

Aber geht es diesen Menschen – nicht in unseren Augen, sondern in ihrer eigenen Wahrnehmung – besser oder schlechter als den Chinesen, neben deren Dorf eine Fabrik hochgezogen wurde und die nun zehn oder mehr Stunden am Tag stupider Fließbandarbeit nachgehen? Oder als uns Westeuropäern mit unserer Rundumabsicherung und unserer sozialen Hängematte? Nach meiner Erfahrung jedenfalls haben sie einen höheren »Glücksindex« und sind zufriedener mit ihrem Leben als wir.

Haben Nomaden noch eine Zukunft?

Nicht nur die Kultur der Nomaden, der Nomadismus überhaupt ist auf der ganzen Welt auf dem Rückzug, und das, obwohl er die einzig ökologisch angepasste Nutzung der Weidegebiete in den Wüsten und Halbwüsten der Erde ist. Das hat mehrere Ursachen. In vielen Staaten wurden traditionelle Weidegebiete in Ackerland umgewandelt, zu militärischen Sperrgebieten oder zu Nationalparks erklärt. Straßen und moderne Transportmittel öffneten die angestammten Lebensräume der Nomaden dem überregionalen Marktgeschehen und entzogen ihnen und den Karawanen ihre wirtschaftliche Basis. Aus manchen Staaten ist das traditionelle Wüstenleben bereits komplett verschwunden. In Algerien gibt es keinen Nomadismus mehr, obwohl es das größte Sahara-Land ist. In Libyen wurde das traditionelle Leben mit roher Gewalt zerstört. Muammar al-Gaddafi hat dafür gesorgt, dass keine Nomaden mehr durch die Wüste ziehen und dass die Lehmhütten in entlegenen Oasen wie zum Beispiel an den Mandara-Seen – von Palmen gesäumte, funkelnde Edelsteine inmitten der Dünen des Erg Ubari und einer der schönsten Orte des Landes – zerstört und ihre Bewohner vertrieben wurden, weil das Oasenleben nicht in das Bild von einem modernen Libyen passte.

Auf der Arabischen Halbinsel führte der Ölreichtum dazu, dass viele Beduinen ihr Leben in die boomenden Städte verlagerten und ihre Herden nur mehr als ein Hobby sehen. Im Einflussbereich der früheren Sowjetunion wurden die Nomaden gezwungen, sesshaft zu werden. Sie wurden in Hirtenbrigaden eingebunden, ihre Herden gehörten fortan den Kolchosen, sprich der Allgemeinheit. In China drangen seit den 1950er-Jahren Han-Chinesen in nomadische Lebensräume vor, und auch dort blieb den Nomaden nur die Mitarbeit in Kooperativen – oder der Rückzug in entlegenste Gebiete. Nach dem Zerfall der UdSSR kam es zu einer gewissen Rückbesinnung auf nomadische Werte. Eine ähnliche Entwicklung erfolgte in der Mongolei und in der Volksrepublik China, weil die Behörden erkannten, dass die Weidegebiete sonst brachliegen würden. Diese Renaissance des Nomadismus wird jedoch nicht nachhaltig sein, zum einen, weil die Nomaden zu wenig staatliche Unterstützung erfahren, zum anderen, weil vor allem für die Jungen das vermeintlich leichtere Leben in der Stadt allzu verlockend ist.

Der jüngeren Generation ist das Leben ihrer Väter zu hart und zu entbehrungsreich. Durch Internet und Fernsehen ist die Kenntnis des westlichen Lebensstils mittlerweile in das letzte Nomadenzelt gedrungen, und der ist für viele Leute höchst attraktiv. Seine Nachteile sehen sie nicht, können sie gar nicht sehen, weil viele Hollywood- oder Bollywood-Filme ein verzerrtes Bild des westlichen Lebensstils spiegeln. Einmal in der Stadt gelandet, realisieren sie, dass das Leben dort nicht weniger entbehrungsreich, aber oft recht schäbig ist. Dass es nicht unbedingt Wohlstand und Frieden bringt. Ihrem Traum folgt selten ein Leben, wie wir es führen, mit staatlicher Gesundheitsversorgung und Altersvorsorge, mit Rechtsstaatlichkeit, Pressefreiheit, Annehmlichkeiten wie einer heißen Dusche und dergleichen mehr, sondern in den meisten Fällen ein armseliges Dasein. Mangels Ausbildung müssen sie sich in einer Mine oder im Straßenbau verdingen, fristen ihre Tage oftmals als Tagelöhner und hausen in Baracken. Mit all den sozialen Folgen, die ein solches Leben mit sich bringt, wie Alkoholismus, Frustration, Streit. Zurück aber wollen sie nicht. Dazu ist die Stadt mit ihren Möglichkeiten trotz allem zu verlockend, während das Nomadentum keine Perspektiven bietet. Es bleibt die trügerische Hoffnung, dass sich doch noch alles zum Besseren wendet. Sie würden es auch als Schmach empfinden, nicht das erhoffte Glück gefunden zu haben. Das ist nicht viel anders als bei unserer Jugend. Auch in Deutschland herrscht ja seit vielen Jahren Landflucht, und nur sehr wenige kehren in ihr Dorf zurück, wenn sie in der Stadt nicht Fuß fassen konnten.

Es ist noch nicht lange her, da unterhielt ich mich mit einem ganz liebenswürdigen älteren Mongolen. Vier seiner Kinder leben in der Hauptstadt Ulaanbaatar, ein einziger Sohn nur entschied sich für das Leben eines Nomaden. Vater und Sohn haben nun alle Hände voll zu tun, die Kaschmirziegen zu hüten und über den Winter zu bringen. Erst wenige Jahre zuvor, im Winter 2009/10, hatten sie einen Großteil ihrer Herde durch den verheerenden Dsud verloren, der damals die Mongolei heimsuchte. Gerade einmal 150 Gramm Kaschmir liefert jedes der Tiere, und das nur einmal pro Jahr, beim Fellwechsel im Frühjahr. Dann wird das Fell der Tiere ausgekämmt und anschließend das feine Unterhaar, das sogenannte Edelhaar, vom gröberen Deckhaar getrennt. Für ein Kilo Edelhaar erhält der Vater ein paar US-Dollar. Ich erzählte ihm nicht, dass ein Pullover aus echtem Kaschmir in den Boutiquen von Paris oder London etliche Hundert Euro kostet.

Nomadismus ist nicht nur die einzige nachhaltige Möglichkeit, die Wüste landwirtschaftlich zu nutzen, sondern leistet auch, was kaum bekannt ist, einen enorm wichtigen Beitrag zur Ernährung der Weltbevölkerung und zum Schutz des Ökosystems Wüste. Nach einer FAO-Statistik umfassen die Flächen, die als potenzielles Weideland einzustufen sind, nicht weniger als 3,5 Millionen Quadratkilometer! Weder die einzelnen Länder noch die Menschheit insgesamt kann es sich angesichts der Bevölkerungsexplosion leisten, dass diese Flächen mit dem

Verschwinden des Nomadismus ungenutzt bleiben. Außerdem sorgen Nomaden beziehungsweise ihre Herden dafür, dass das Weideland in Trockengebieten fruchtbar bleibt. Auf solchem Boden wachsen vorwiegend Gras und Gestrüpp, doch Schafe, Ziegen, Kamele, Yaks und andere Pflanzenfresser können diese faserreiche Kost verdauen. Mit ihrem Kot scheiden sie zersetzte Pflanzenreste und Mineralien aus und düngen den Boden. Außerdem halten sie mit ihren Hufen die Bodenkrume locker, sodass Regen versickern und neues Pflanzenwachstum fördern kann. Ohne Weidevieh verdorrt das Grün während langer Trockenperioden quasi zu Heu, das sich jedoch nicht zersetzt und daher keine organische Substanz bildet. Regen trifft dann auf ungeschützten Boden und verdichtet ihn. Das heißt, es kann weniger Wasser einsickern, wodurch das meiste verdunstet oder einfach abläuft und dabei Mineralstoffe mit sich schwemmt. Zurück bleibt unfruchtbares, ödes Land.

Angesichts dieser Tatsachen wäre es dringend angeraten, die Lebensbedingungen von Nomaden zu verbessern und, mehr noch, Nomadismus zu fördern. Stattdessen wird tatenlos zugesehen, wie er schwindet – umso schneller, je rasanter die wirtschaftliche Entwicklung eines Staates voranschreitet. Am besten sieht man das an Beispielen wie China, Algerien oder den Arabischen Emiraten. Doch selbst in Ländern, in denen die Wirtschaft nur langsam Fahrt aufnimmt, wie etwa der Mongolei, wo zunächst sogar ein Wiederaufleben des Nomadismus beobachtet werden konnte und bis vor wenigen Jahren noch sehr viele Nomaden ein traditionelles Leben führten, sind sie inzwischen fast verschwunden. Die Regierung kümmert es relativ wenig, ob die Nomaden eine Zukunft haben, wenn die Gobi wieder einmal von einem Dsud heimgesucht wird und Millionen Rinder, Yaks, Kamele, Pferde, Ziegen und Schafe verhungern oder erfrieren. Manche Nomaden verlieren bei dieser Naturkatastrophe beinahe ihren gesamten Viehbestand, und es bleibt ihnen nichts anderes übrig, als mit ihrem verbliebenen Hab und Gut nach Ulaanbaatar umzusiedeln und dort wie Tausende anderer Nomaden ihre Jurte vor den Toren der Stadt aufzuschlagen und sich in das Heer der Habenichtse einzureihen.[42]

Entscheidend bei alledem ist meines Erachtens, ob die Menschen aus freien Stücken ihren Weg wählen können, sei es, an ihrem bisherigen Leben festzuhalten oder den Wandel zu vollziehen, oder ob sie gezwungen sind, ihr Nomadenleben aufzugeben, weil sie keinerlei Unterstützung erfahren oder weil man ihnen, viel schlimmer, wie in Mali den Zugang zu Wasser verwehrt oder die Brunnen vergiftet. Viele Machthaber sehen in den Nomaden einen Unruhefaktor, weil sie sich nicht an Grenzen halten – was in meinen Augen irgendwie verständlich ist, denn in der Sahara beispielsweise wurden die Grenzen nach dem Ende der Kolonialzeit völlig willkürlich gezogen und dabei Stammesgebiete rücksichtslos zertrennt –, weil sie Gesetze missachten, weil sie die Sesshaften verachten, weil sie in Konkurrenz zu den Ackerbauern stehen, um nur ein paar Beispiele zu nennen. Während und nach der Zweiten Tuareg-Rebellion ab 1990 retteten sich viele Nomaden in Flüchtlingslager in Mauretanien oder Algerien, wo manche von ihnen heute noch leben. Der Konflikt in Darfur hat zum Teil dieselbe Ursache: Ackerbauern gegen Viehzüchter. Uns Menschen in Europa interessieren solche Konflikte kaum, weil sie keine Relevanz für uns haben. Erst mit der großen Flüchtlingsbewegung geraten sie allmählich in unseren Fokus. Insofern ist die Flüchtlingskrise ein überfälliger Weckruf.

Nomaden haben im Grunde alle gegen sich: ihre Regierung, die Ackerbauern, immer öfter die Natur und mittlerweile auch ihre Kinder, die dieses spartanische Leben nicht mehr führen wollen. Es bleibt abzuwarten, ob in diesen Ländern irgendwann einmal eine Rückbesinnung auf alte Werte oder Traditionen stattfinden wird, so wie es bei uns seit einigen Jahren zu beobachten ist: Mehr junge Menschen lernen wieder Volkstänze. Traditionelle Musikinstrumente wie das Akkordeon, die lange Zeit auf Dachböden verbannt waren, finden ihren Weg zurück auf die Bühne. Bayerische Volksmusik, wenn auch häufig als alpenländischer Pop oder Alpen-Rock in modernem Gewand, erobert die Charts und füllt Konzerthallen. Stricken und Häkeln sind wieder in, ebenso selbst Marmelade einzukochen, Gemüse und Obst einzuwecken; generell wird wieder Wert auf Handgemachtes gelegt. Selbst so manches fast schon ausgestorbene Handwerk erfährt eine Wiederbelebung, vom Schuhmacher bis zum Messerschmied. Wir haben die Moderne allerdings bereits zur Genüge genossen und sind ihrer in vielen Bereichen überdrüssig, und wir können uns die Rückbesinnung auch leisten, weil es uns wirtschaftlich gut geht.

Davon sind die Wüstenbewohner in ärmeren Ländern weit entfernt. Kleidung nicht mehr selbst nähen zu müssen, sondern im Laden billig kaufen zu können, einfach eine Dose warm zu machen, statt Essen mühsam über offenem Feuer oder auf einem kleinen, rauchigen Herd zu kochen, das Wasser in leichten Plastikkanistern statt schweren Tonkrügen vom Brunnen zum Zelt oder zur Jurte zu tragen – all das sind für sie neue Errungenschaften, die ihnen das Leben leichter machen und daher unglaublich attraktiv sind. Noch realisieren sie die Nachteile der modernen Lebensweise nicht, wie Auflösung der Familie, Zerstörung der Umwelt, Entfremdung von der Natur. Daher werden sie vermutlich dieselben Fehler machen wie wir – mit, wie ich fürchte, weit schwerer wiegenden Folgen für ihre Kultur als bei uns. Denn bei uns gibt es die EU mit ihren vielzähligen Fördermitteln, es gibt Beihilfen auf Länder- und auf Kommunalebene für Bauern im Allgemeinen, für Ökobauern im Besonderen, für den Erhalt alter Obst-, Gemüse- oder Nutztierarten, für energiesparendes Bauen, es gibt zahlreiche Foren, Beratungsstellen, Verbände wie NABU und BUND, die mit Rat und Tat zur Seite stehen – ein engmaschiges Netz an Informationen und finanziellen Hilfen für alternative Wege aller Art. Und nach Naturkatastrophen gibt es staatliche Hilfe. All das fehlt in den Wüstenländern.

Facetten modernen Lebens

Während sich für manche Wüstenbewohner das Leben eher allmählich änderte oder gerade ändert, wurden andere regelrecht in die Moderne katapultiert. Das trifft allen voran auf die Menschen jener Staaten zu, die innerhalb kurzer Zeit durch Erdöl oder Erdgas immens reich geworden sind: Saudi-Arabien, die Vereinigten Arabischen Emirate und Katar. Die Erdölförderung begann erst ab den 1930er-Jahren, in Dubai fand man das »schwarze Gold« sogar erst 1966.

Auf den teils riesigen Erdölförderbasen von Saudi Aramco, laut *manager magazin* vom April 2018 das »größte, mächtigste, wertvollste Unternehmen der Welt«[43], herrscht Hightech, wohin man schaut. Und das betrifft nicht nur die Förderanlagen: Obwohl mitten in der Wüste gelegen, gibt es überall Handyempfang und steht den Arbeitern gekühltes Obst zur Verfügung. Quasi als Abfallprodukt hat der Ölboom eine neue Form von Oasen – die sogenannten Hightech-Oasen – entstehen lassen. Bei der Suche nach Erdöl wurden in teilweise mehr als 2 000 Meter Tiefe Grundwasservorkommen gefunden. Gewaltige Pumpen fördern dieses Wasser nach oben, und große Anlagen zur Berieselung oder Tröpfchenbewässerung lassen mitten in der Wüste Getreide- und Luzernefelder entstehen. Dabei steht der Ertrag oftmals in keinem Verhältnis zum finanziellen Aufwand. Ausnahmen bestätigen auch hier die Regel. Die moderne Bewirtschaftung der Flussoasen in der peruanischen Küstenwüste, in denen diverse Fruchtsorten für den Export angebaut werden, kann wirtschaftliche Erfolge verbuchen.

Das Emirat Dubai wiederum ist das beste Beispiel für das Bemühen, die Wüste zu eliminieren. Fast das gesamte Leben spielt sich in der gleichnamigen Hauptstadt ab, in der 85 Prozent der 2,2 Millionen Einwohner des Emirats leben. Dank Klimaanlagen und mit viel Wasser in jeder Form wird die Wüste aus der Stadt verbannt. Es gibt Parkanlagen, Golfplätze, Springbrunnen, riesige Wasserparks – etwa den Aquaventure-Park mit der größten Wasserrutsche der Welt –, Hotelanlagen mit gigantischen Swimmingpools und mit Kanälen, auf denen man Boot fahren kann, eine Indoor-Skianlage …[44] Da ist es kein Wunder, dass der Pro-Kopf-Verbrauch an Wasser mit 500 Litern pro Tag einer der höchsten der Welt ist. Zum Vergleich: In Deutschland liegt er bei gut 120 Litern, in den USA bei knapp 300 Litern.[45] Zwar stammt das meiste Wasser aus dem Ozean – in Dubai steht,

Aus der Luft wirkt die Kupfer- und Goldmine in South Australia wie eine Wunde in der Wüste.

einer der unzähligen Superlative dieser Wüstenstadt, die größte Meerwasserentsalzungsanlage der Welt[46] –, doch es wird auch fossiles Grundwasser angezapft.

Generell sind die Vereinigten Arabischen Emirate (VAE) mit Sicherheit die modernsten Wüstenstaaten der Welt. Auch im Emirat Schardscha widmet sich ein landwirtschaftliches Innovationszentrum des Ministeriums für Umwelt und Wasser der Erforschung neuer Anbaumethoden, darunter Treibhauslösungen und Bepflanzungen von Dächern. Die Raumfahrtagentur der VAE prüft die Möglichkeit, Raumfahrttechnologie in der Landwirtschaft einzusetzen. Vielleicht könnte man, so eine Überlegung, Vermessungs- und Kartierungssatelliten mit einer Sensortechnologie ausstatten, mit deren Hilfe sich das Pflanzenwachstum überwachen und Schädlingsbefall frühzeitig erkennen lässt.

Auch das kleine Emirat Katar, dank seiner immensen Erdgasvorkommen eines der reichsten Länder der Welt, investiert viel Geld in innovative Technologien. Als Saudi-Arabien, die Vereinigten Arabischen Emirate und Bahrain im Sommer 2017 eine Blockade über Katar verhängten, musste die Versorgung mit bis dahin von den Nachbarn importierten Lebensmitteln wie Milch und Hühnerfleisch anderweitig sichergestellt werden. Zunächst wich man auf Lieferungen unter anderem aus der Türkei und dem Iran aus, doch die Blockade nagte am Stolz der Katarer. Ein Zeichen der Unabhängigkeit musste her. Und wenn Gemüse aus der Wüste kommen kann – in einer Hightech-Anlage südlich der Hauptstadt Doha wachsen bereits seit 2013 unter anderem Gurken, Tomaten und Rucola –, warum dann nicht auch Kuhmilch? Eben. Ein halbes Jahr später war die Baladna-Farm, die mitten in der Wüste aus dem Sand gestampft wurde, zwar noch weitgehend eine Baustelle, aber es standen bereits 165 Holstein-Kühe in klimatisierten Hightech-Ställen.[47] So schnell kann es gehen, wenn Geld keine Rolle spielt.

Der inzwischen verstorbene Scheich Saud bin Mohammed Al-Thani, ein Mitglied der Herrscherfamilie, Minister für Kultur, Kunst und Kulturerbe und ein großer Fan der Fotografie, rief im Jahr 2000 den Al-Thani Award for Photography ins Leben, der sich innerhalb weniger Jahre zu einem der größten internationalen Fotowettbewerbe entwickelte. Zweimal wurde ich als Juror nach Doha eingeladen, und beide Male war ich fassungslos angesichts der Dekadenz. Scheich Saud lud etwa 50 Ehrengäste zu einem Empfang auf seiner Farm. Auf dem riesigen Tisch türmten sich die Speisen, doch zum Essen war es viel zu heiß, weshalb fast alles unberührt wieder abgetragen wurde. Ich durfte die Al Wabra Wildlife Preservation besichtigen, die der Öffentlichkeit nicht zugänglich ist. In diesem weltweit einmaligen Wildreservat werden ausschließlich vom Aussterben bedrohte Tierarten gehalten und gezüchtet.

Bei einer anderen Gelegenheit, einer Reise mit Elke Wallner, führte uns Scheich Saud durch riesige Hallen, in denen sich Kunst, antike Möbel, Prototypen amerikanischer Autos, historische Fahrräder, alte Münzen, Schmuck, Edelsteine, Dinosaurierskelette und vieles mehr stapelte, das er auf Auktionen rund um die Welt für sich selbst oder als Minister für staatliche Museen ersteigerte, darunter ein Museum für Islamische Kunst, für Heimatkunde, für Fotografie, für traditionelle Kleidung und Textilien. Sogar eine Kutsche von Ludwig XIV., dem Sonnenkönig, befand sich unter Scheich Sauds Schätzen. Sie allein hat zehn Millionen Dollar gekostet.

Ein Mitglied des Herrscherhauses von Dubai, Scheich Zayed, nahm mich einmal mit zur Falkenjagd. Die Falknerei ist eine uralte Jagdmethode, mit deren Hilfe die Beduinen früher ihren eintönigen Speiseplan aus Datteln und Kamelmilch bereicherten. Bis heute wird diese Tradition in Ehren gehalten und ist auf der Arabischen Halbinsel weit mehr als nur ein Sport. Was sie nicht vor Dekadenz schützt. Scheich Zayed trainiert seine

Falken, indem eine tote Taube oder Ente an einem Seil hinter einem Modellflugzeug hergezogen wird. Wenn ein Falke außer Sicht gerät, macht sich Scheich Zayed nicht auf dem Rücken eines Kamels auf die Suche nach dem kostbaren Tier – ein Jagdfalke kann über 100 000 Euro kosten –, sondern brettert mit einem Geländewagen durch die Wüste. Und damit die Falken ihre bevorzugte Beute, die gefährdete Kragentrappe, jagen können, fliegt der Scheich schon mal samt Leibwächtern, weiterem Personal und seinen Falken in einem Hercules-Transportflugzeug in den Hindukusch nach Afghanistan.

Die Erdöl- und Erdgasvorräte der arabischen Staaten halten dank neu entdeckter Quellen, effektiverer Fördermethoden und des steigenden Einsatzes von erneuerbaren Energien zwar weit länger, als der Club of Rome in seiner berühmten Studie *Die Grenzen des Wachstums* von 1972 prognostiziert hatte, doch dass sie endlich sind, ist unbestritten. Vielfältige Projekte im eigenen Land sowie Beteiligungen an Unternehmen im Ausland, die auf regenerative Energien, Elektromobilität und andere moderne Technologien setzen, zeigen, dass viele arabische Staaten schon jetzt auf eine Diversifikation ihrer Wirtschaft setzen, um sich aus der Abhängigkeit vom Erdöl zu lösen.

Ein Land, das diese Entwicklung beinahe verschlafen hätte, ist Saudi-Arabien. Der immense Reichtum, der aus den Bohrlöchern sprudelte, hatte zu einer verschwenderischen Ausgabepolitik geführt. Unter anderem wurde das Volk mit unzähligen Wohltaten überschüttet, 5 000 Prinzen – die *Welt* spricht sogar von 7 000[48] – hingen am Staatstropf. Im Jahr 2015 riss der schwache Ölpreis erstmals ein gewaltiges Loch in den Staatssäckel, dessen Einnahmen zu 90 Prozent aus Erdöl und Erdgas stammen. Ein umfangreiches Reformprogramm soll den Wüstenstaat nun vor dem Staatsbankrott retten, eine Gefahr, die dank des mittlerweile wieder gestiegenen Ölpreises erst einmal gebändigt ist.

In all diesen Staaten besteht parallel zur modernen Gesellschaft eine zweite: Lässt man die Städte und die hochmodernen, mitten in der Wüste errichteten Anlagen zur Förderung von Erdöl oder Erdgas, die Gemüse- oder Tierfarmen nur ein paar Hundert Meter hinter sich, stößt man auf Beduinen, die wie ehedem in Zelten leben, Kamele, Ziegen und Schafe züchten und ein völlig traditionelles Leben führen. Anders als in der Sahara und vor allem in der Sahelzone gibt es hier jedoch keine Konflikte zwischen Nomaden und inzwischen Sesshaften. Das kleine Wort »inzwischen« macht den großen Unterschied. Das Bindeglied zwischen den beiden Parallelwelten besteht, so wie ich es wahrnehme, in der gemeinsamen Herkunft als Nomaden. Es gab in den arabischen Erdölländern praktisch keine Ackerbauern, keine Sesshaften. Die Bevölkerung war insgesamt ein »Wüstenvolk«. Das ist wohl auch der Grund, warum diejenigen, die nun auf Erdölstationen, in der Verwaltung oder im Baugewerbe arbeiten, nicht auf die Nomaden herabblicken und sich selbst immer noch gern als Beduinen sehen.

Wie stolz die Emiratis und ihre Nachbarn auf ihr Erbe sind, sieht man unter anderem daran, dass Familien, die in komfortablen, klimatisierten Häusern leben, sich zu besonderen Anlässen in einem Zelt versammeln, allerdings einem, das mit allem erdenklichen Komfort ausgestattet ist. Selbst so mancher Herrscher empfängt Gäste in einem Zelt. Auch Libyens »Revolutionsführer« Gaddafi, der im eigenen Land erbarmungslos gegen den Nomadismus vorging, logierte sogar bei Auslandsreisen überwiegend in einem Zelt. In Hotels, in denen man ein paar Hundert Euro pro Nacht hinblättert, stößt man auf Beduinen-Elemente, zum Beispiel einen Eingangsbereich in Form eines Zelts. Und wenn die Verteilung von Geld und Ämtern auf der Tagesordnung steht, spielt es nach wie vor eine große Rolle, zu welchem Beduinenstamm jemand gehört und welche Stellung er in ihm hat. Der Stolz auf das Beduinenerbe verhindert aber nicht die Bestrebungen, die Wüste zu eliminieren.

Die gesellschaftliche Entwicklung allerdings hinkt in all diesen Staaten der wirtschaftlichen meilenweit hinterher. Neue Museen allerorten, ein zweiter Louvre in Abu Dhabi, die riesige Nationalbibliothek in Doha und ähnliche Projekte sollen Kunstsinnigkeit und Kulturbeflissenheit demonstrieren; in den Luxushotels wird Alkohol ausgeschenkt, und mittlerweile dürfen sogar im ultrakonservativen Saudi-Arabien Frauen Auto fahren und Firmen gründen, doch alles in allem sind die Gesellschaften nach wie vor streng archaisch. Es gibt keine Presse- und keine Meinungsfreiheit, keine echte Gleichberechtigung, Homosexualität steht unter Strafe, die Menschenrechte werden mit Füßen getreten, die Gastarbeiter aus Asien wie Tiere behandelt. Und Kritik am herrschenden System oder am Machthaber kommt einem Selbstmord gleich. Daher hält sich meine Bewunderung für diese Staaten trotz ihrer vielfältigen Leistungen in Grenzen.

Was in einer Aufzählung von Facetten modernen Lebens in der Wüste nicht fehlen darf, ist Las Vegas. *Sin City*, die Sündenstadt, ist allerdings weniger für innovative Technologien als vielmehr für seine Extravaganzen bekannt: die unzähligen Casinos, die gigantischen Hotels und nicht zuletzt die Shows mit der Crème de la Crème der Künstlerwelt. 1829 entdeckte der mexikanische Scout Raphael Rivera mitten in der Mojave-Wüste von Nevada eine Oase und gab ihr den Namen »Las Vegas«, zu deutsch »Die Auen«. Das anhaltende rasante Bevölkerungswachstum – die Einwohnerzahl hat sich in den letzten 40 Jahren vervierfacht – und der Ansturm von mehr als 40 Millionen Touristen pro Jahr graben dem Spielerparadies aber im wahrsten Sinn des Wortes das Wasser ab.

Modernes Leben in der Wüste kann noch andere höchst skurrile Formen annehmen. In der Black-Rock-Wüste in Nevada findet das vermutlich schrägste Musik- und Kunstfestival der Welt statt: *Burning Man.* Es dauert acht Tage und endet am US-amerikanischen Labor Day, dem ersten Montag im September. Höhepunkt der Veranstaltung ist am sechsten Tag das Verbrennen einer Statue in Menschengestalt – daher der Name *Burning Man* –, die Jahr für Jahr unter einem anderen Motto steht. Der erste Burning Man fand vor nunmehr über 30 Jahren statt, mit 20 Teilnehmern. Mittlerweile ist die Besucherzahl auf 70 000 begrenzt.

Ich besuchte das Festival im Jahr 2016 mit meinen Kindern und dachte, es sei eine Art Oktoberfest in der Wüste. Stattdessen kein bisschen Kommerz – nicht einmal Getränke und Essen gab es zu kaufen; man musste alles selbst mitbringen –, dafür jede Menge Alkohol, Drogen und Wahnsinn, viele Nackte und Kostümierte und eine Dauerbeschallung mit Musik, hauptsächlich Techno, House, Electro und Minimal.

Für die Zeit des Festivals entsteht aus Wohnmobilen und Zelten die temporäre Stadt Black Rock City. Zwar gibt es kein Wasser, keinen Handyempfang, keinen Strom, keine Kanalisation, keine Duschen, dafür mobile Krankenhäuser und, ich konnte es kaum fassen, sogar ein Postamt. Und zum Glück wenigstens Dixie-Klos, wenn auch ohne Toilettenpapier, sofern man es nicht selbst mitbringt. Was mich am meisten erstaunte: Trotz der Unmengen an Teilnehmern geht das Festival spurlos an der Wüste vorüber, da Tausende ehrenamtliche Mitarbeiter dafür sorgen, dass nichts, vor allem kein Abfall, zurückbleibt.

Die geschundene Wüste

Fasst man die Wüsten dieser Erde zusammen, ist das moderne (Wirtschafts-)Leben sicherlich weiter verbreitet als das traditionelle. Das bedeutet letztlich nichts anderes, als dass man immer öfter auf Spuren der Ausbeutung stößt. Ein Pilot, der aus einem Flugzeug auf die Wüsten schaut, wird kaum noch Tierherden, Zelte oder andere Hinweise auf althergebrachte Bewirtschaftung entdecken, dafür unzählige Pipelines und riesige Ölraffinerien, Tagebaustätten ungeahnten Ausmaßes und scheinbar unendliche Flächen voller Solarmodule.

Das mit den Tierherden gilt nur begrenzt für Australien mit seinen riesigen Rinderfarmen, die dort *Stations* heißen. Die australischen Wüsten sind ja eher Steppen als richtige Wüsten, weshalb man dort gut Rinder halten kann – allerdings in einer relativ geringen »Bestockungsrate«. Die Anna Creek Station in der Simpson-Wüste ist die größte Rinderfarm der Welt. Mit 15 746 Quadratkilometern ist sie so groß wie Schleswig-Holstein und um ein Vielfaches größer als die größten Ranches in den USA, hatte aber im Jahr 2018 nur 9 500 Stück Vieh.[49] In Jahren mit »viel« Regen und entsprechend mehr Vegetation können es mehr, in besonders trockenen Jahren weniger sein, da die Tiere sich von dem ernähren müssen, was die Wüste hergibt. Das klingt nach einer ökologisch verträglichen Nutzung der Wüste, Tatsache aber ist, dass die übers ganze Gebiet verteilten Viehtränken aus fossilem Grundwasser gespeist werden und somit Raubbau an der Natur getrieben wird. Zwar enthält das Große Artesische Becken unter der Simpson-Wüste eines der größten Grundwasservorkommen der Erde, doch auch das ist endlich.

Die Rinder streifen auf dem großen Gebiet frei umher, nur zweimal im Jahr werden sie zusammengetrieben, damit man sie zählen, Jungtieren ein Brandzeichen verpassen und die Schlachttiere auswählen kann. Die Rinder auf Wildwestmanier zu suchen und zu sammeln wäre angesichts des großen Territoriums eine Herkulesaufgabe, weshalb zur Suche Helikopter oder Ultraleichtflieger eingesetzt werden. Werden die Piloten fündig, geben sie die GPS-Daten der Fundstellen per Funk an die Cowboys weiter, die in Australien *Stockmen* genannt werden und statt auf dem Rücken eines Pferdes im Sattel eines Motorrads sitzen, um die Herde in mobile Gatter zu treiben.

Es liegt nahe, Wüsten für die Erzeugung von Solarstrom zu nutzen. Zum einen gibt es in vielen Wüsten reichlich Sonne, zum anderen stört es keinen Menschen, wenn dort Tausende Spiegel stehen. Bis auf ein paar Umweltschützer. Das helle Licht über den Spiegeln zieht nämlich Insekten en masse an, und das wiederum lockt zahlreiche Vögel herbei, die in der flirrenden Hitze über den Spiegeln, die über 500° Celsius erreichen kann, regelrecht gegrillt werden. Allein das Solarkraftwerk Ivanpah in der Mojave-Wüste soll hochgerechnet jährlich an die 30 000 Vögel das Leben kosten.[50] Dessen ungeachtet wurden und werden weiter Solaranlagen gebaut. Im Februar 2016 ging mit Noor I der erste Abschnitt des marokkanischen Solarkraftwerks Ouarzazate Solar Power Station nordöstlich von Ouarzazate mit über einer halben Million Spiegeln ans Netz. Geplant sind drei weitere Komplexe – Noor II bis IV. Ebenfalls seit 2016 liefert die chilenische Fotovoltaikanlage El Romero Solar, die größte ihrer Art in Lateinamerika, Strom. Sie steht in der Atacama und damit wohl an einem der günstigsten Orte der Welt, denn aufgrund der Höhenlage ist die Sonnenintensität dort sogar noch größer als in den afrikanischen Wüsten. In Ägypten, wo bislang hauptsächlich kleine Anlagen gebaut wurden, soll 2019 ebenfalls eine Großanlage in Betrieb gehen.

Angesichts des hohen Innovationsgeistes in Dubai darf natürlich auch dort die Solarenergie nicht fehlen. Etwa 50 Kilometer von der Hauptstadt entfernt entsteht in der Gemeinde Seih Al-Daha ein gewaltiger Solarpark. Das nach Dubais Herrscher Mohammed bin Raschid Al Maktum benannte Projekt soll nach der letzten Ausbaustufe ab dem Jahr 2030 5 000 Megawatt Strom liefern und ab 2050 75 Prozent des Elektrizitätsbedarfs des Emirats durch saubere Energie decken.[51] Ebenfalls in der Wüste entstehen Hightech-Gewächshäuser, um die Abhängigkeit von Lebensmittelimporten zu reduzieren. Das International Centre for Biosaline Agriculture, ein Agrarforschungs- und Entwicklungszentrum an der Zayed University in Dubai, testet derzeit ein Gewächshaus, das 90 Prozent weniger Wasser und 50 Prozent weniger Energie braucht als herkömmliche Modelle.[52]

Bei »Ausbeutung« fällt einem als erstes Erdöl und Erdgas ein. Doch in den Wüsten dieser Erde schlummern noch viel mehr Bodenschätze. In der Sahara beispielsweise sind außer Erdöl und Erdgas unter anderem Salz, Kohle, Kupfer, Mangan, Uran, Blei, Wolfram, Titan und Phosphate zu finden. In den australischen Wüsten lagern riesige Eisenerzvorkommen, daneben ebenfalls Zink, Blei und Uran, außerdem Silber, Gold, Diamanten, Seltene Erden und weitere wertvolle Rohstoffe und Mineralien. 95 Prozent aller weltweit gehandelten Edelopale stammen aus Australien, die meisten davon aus dem weltgrößten Opalfeld bei Coober Pedy, der »Welthauptstadt des Opals«, am Rand der Simpson-Wüste. Das Erstaunliche ist, dass die Claims nicht in der Hand von Bergbauunternehmen liegen, sondern Privatleute dort ihr Glück versuchen. Jeder über 16, der australischer Staatsbürger ist oder ein unbegrenztes Arbeitsvisum hat, braucht lediglich seinen Führerschein oder Pass vorzulegen, um für etwa 60 Euro eine zwölfmonatige Schürflizenz zu erwerben.[53] Aus der

Luft sieht es aus, als wären die Pocken ausgebrochen: Die durch Oxidation der eisenhaltigen Erde an der Oberfläche rostrot gefärbte Ebene ist übersät mit Hunderten Bohrlöchern und ihrem zu spitzen Kegeln angehäuftem Aushub.

Während die Australier einerseits ihre Wüsten so konsequent nutzen und ausbeuten wie kaum ein anderes Land und ihnen dabei tiefe Wunden schlagen, haben sie andererseits viele Wüstengebiete als Nationalparks oder Naturschutzgebiete ausgewiesen, und der Tourismus ist sehr »geordnet«. Die Pisten in den Wüsten sind gut markiert, man wird dazu angehalten, sich entsprechend auszurüsten, Ranger haben ein Auge darauf, dass nur auf ausgewiesenen Campingplätzen gelagert wird und so weiter. Nicht nur ausländische Touristen bereisen gern das Outback; die Australier lieben es, Ausflüge in die Wüste zu machen, um dort zu campen und zu grillen. Scheint, als wäre die Siedlernation immer noch gern auf dem Treck. Nur, dass die Ausstattung eine bessere ist als vor 200 Jahren. Wenn die heutigen Australier ihre Gefährte – statt holpriger Planwagen zumeist hochmoderne Geländewagen, oft mit Anhänger – zu einer Wagenburg arrangiert haben, werden ausklappbare Miniküchen ausgeladen, wird Fleisch aus dem eingebauten Gefrierschrank und ein Bierchen aus dem Kühlschrank geholt und der Hightech-Grill angeworfen. Die Lagerfeuerromantik muss dabei nicht zu kurz kommen, denn Holz zu finden ist in australischen Wüsten im Unterschied zur Sahara und den meisten anderen Wüsten in der Regel kein Problem.

Auch in Lateinamerika sind die Wüsten von Minen geprägt, und dies in manchen Regionen seit derart langer Zeit, dass die Ausbeutung eher Teil des »traditionellen« als des »modernen« Wüstenlebens ist. In der chilenischen Atacama reihen sich Erzminen wie Perlen an einer Kette aneinander, darunter Chuquicamata, wo schon die Inkas ihren Bedarf an Kupfer deckten und heute der größte Kupfertagebau der Welt stattfindet. Neben der

Mine wuchs über die Jahre eine Kleinstadt heran samt Einkaufszentrum, Krankenhaus, Kindergarten und Schule. 2007 mussten dann sämtliche Bewohner in das nahe gelegene Calama umziehen, da sich die Mine immer weiter ausbreitet. Außerdem kann Chile mit Gold und Silber aufwarten. Die Salpetervorkommen hingegen, die 1879 einen Krieg mit Peru und Bolivien auslösten und dem Land für wenige Jahrzehnte zu unermesslichem Reichtum verhalfen, spielen keine Rolle mehr. Mit dem Haber-Bosch-Verfahren zur Ammoniaksynthese wurde Salpeter sowohl als Dünger als auch als Hauptbestandteil von Sprengstoff wertlos. In Potosí in Zentralbolivien wird bereits seit über 500 Jahren Silber geschürft. Am Salar de Uyuni, ebenfalls auf bolivianischem Staatsgebiet, wird seit mindestens 100 Jahren das Salz abgeerntet. Außerdem soll der Salar das weltweit größte Vorkommen an Lithium bergen. Dieses Element kommt schon seit Längerem in der Metallurgie und in der Medizin zum Einsatz, doch in den letzten Jahren ist die Nachfrage nach diesem Rohstoff geradezu explodiert. Denn Lithium ist unabdingbar für den Bau von Lithium-Ionen-Akkumulatoren (wiederaufladbare Batterien), die unter anderem Smartphones, Laptops, Elektroautos und E-Bikes mit Energie versorgen. In der Gobi, um ein weiteres Beispiel zu nennen, liegt das vermutlich größte unerschlossene Kohlevorkommen der Welt.

Das – zumindest bislang – wahnwitzigste Projekt in einer Wüste ist der »Great Man Made River« in Libyen. Nach der Vision Muammar al-Gaddafis, des exzentrischen Revolutionsführers, der von 1969 bis zu seinem Tod in 2011 den Wüstenstaat regierte, sollte der »Große, von Menschen gemachte Fluss« nach seiner endgültigen Fertigstellung die Wüste grün machen. Ob das je gelungen wäre, ist fraglich, doch immerhin wurden ab Mitte der 1990er-Jahre Tripolis, Bengasi und Sirte, ja die gesamte libysche Mittelmeerküste zuverlässig mit Wasser versorgt, das zuvor nur sporadisch geflossen und wegen eines viel zu hohen Salzgehalts oft ungenießbar gewesen war. Durch ein Netz von bis zu vier Meter dicken Rohren mit einer Gesamtlänge von 4 000 Kilometern wurde fossiles Grundwasser aus verschiedenen Gebieten der Wüste, wie dem Jufrah-Becken im Zentrum oder dem Kufra-Becken im Osten des Landes, bis an die Mittelmeerküste geleitet. Für die Tiere, Pflanzen und Oasen in den Becken, in denen dadurch der Grundwasserspiegel sank, war der »Great Man Made River« eine Katastrophe, für die Menschen an der Küste hingegen ein Segen, an dessen Endlichkeit – nach manchen Schätzungen erst in 250, nach anderen bereits in 30 bis 50 Jahren – keiner denken mochte. Doch der anfangs stete Strom erfährt seit Jahren immer wieder Unterbrechungen. Mit dem Sturz Gaddafis versank Libyen in Chaos und Bürgerkrieg. Instandhaltungsarbeiten an dem gigantischen Wassernetz blieben aus, und es wurde und wird bis heute immer wieder Ziel von Bombenangriffen und Sabotageakten.[54]

Und dann gäbe es da noch die Atomwaffentests, für die sich die vermeintlich leeren und wertlosen Wüsten geradezu anboten. Hier eine kleine Auswahl: Der erste Nukleartest überhaupt fand in der Chihuahua-Wüste im US-Bundesstaat New Mexico statt. Nach etlichen Versuchen im Bikini- und Eniwetok-Atoll kehrten die USA in die Wüste zurück, diesmal nach Nevada. Großbritannien führte Atomwaffentests in der Nullarbor-Wüste in Australien durch. China testete sein Nuklearwissen in der Wüste Lop Nor, Indien in der Thar, Pakistan in der Charan. Frankreich wählte die algerische Sahara als Schauplatz. Im wahrsten Sinn des Wortes: Noch heute sind die aus Metallrohren geformten rudimentären Stühle bei In Ekker zu sehen, auf denen beim ersten unterirdischen Atomwaffentest – nach vier oberirdischen bei Reggane – die »Zuschauer« Platz nahmen, unter ihnen der französische Staatspräsident Charles de Gaulle. Zwölf weitere unterirdische Tests führte Frankreich in In Ekker durch, bis die Unabhängigkeit Algeriens im Jahr 1962 Frankreich dazu zwang, seine Versuche nach einer Übergangszeit in ein anderes Gebiet zu verlegen. Fortan hatte der Tuamotu-Archipel in Französisch-Polynesien die zweifelhafte Ehre, Frankreichs Nuklearteststation zu sein.

Im Vergleich zu alledem ist die Vermarktung der Wüste als Touristenattraktion recht harmlos, auch wenn es, wie in Merzouga, dem Einfallstor zum Erg Chebbi, zu unschönen Auswirkungen wie überall verstreuten Chipstüten und Wasserflaschen führt. Mitunter sorgt der Wüstentourismus auch für groteske Bilder. Wer einmal chinesische Parteikader in Anzug und Mantel auf einer Plastikschale – und dank angezogener Bremse im Schneckentempo – eine Düne hinabrutschen sah, weiß, was ich meine. Das Bizarrste für mich aber war der Sessellift, der auf die Spitze der Düne hinaufführte. Im Reich der Mitte hat man keine Hemmungen, Naturschönheiten zu kommerzialisieren und ihnen ihr einzigartiges Flair zu rauben. Der Yueya Quan, der malerisch in Dünen eingebettete und von einer ehrwürdigen hölzernen Pagode bewachte Mondsichelsee, war ein seltenes Juwel am Rand der Taklamakan, bevor er zur Kulisse für eine Art Wüsten-Disneyland degradiert wurde. In einer Halle muss man ein Ticket erwerben, bevor man durch ein Drehkreuz wieder ins Freie gelangt, um die Dünen zu besteigen, sie als Rutschbahn zu benutzen oder einen Kamelausritt zu unternehmen. Scharenweise strömen Touristen aus der nur sechs Kilometer weiter südlich gelegenen Oasenstadt Dunhuang herbei. Der Andrang ist so groß, dass zumindest der See sicherheitshalber eingezäunt wurde.

Ein wenig mehr rechtzeitige Schutzmaßnahmen wären bei einer anderen Wüstenattraktion wünschenswert gewesen: der Rallye Dakar. Im Jahr 2009 wurde der bis dahin unter dem Namen »Rallye Paris-Dakar« bekannte Rallye-Raid-Wettbewerb nach einer Terrordrohung vom afrikanischen auf den südamerikanischen Kontinent verlegt. Bei den Veranstaltungen in 2012 und 2013 kam es dann zu großflächigen Beschädigungen von Nazca-Linien in Peru. Diese 1 500 teils überdimensionalen Scharrbilder der vorchristlichen Paracas- und der Nazca-Kultur sind die wohl bekanntesten Zeichen für eine alte Wüstenkultur in Lateinamerika. In der Welt bekannt wurden die Geoglyphen durch die deutsche Lehrerin Maria Reiche, die ab Mitte der 1940er-Jahre ihr Leben der Erforschung, Vermessung und dem Schutz dieser eindrucksvollen Bilder widmete. Im Jahr 1994 schließlich erklärte die UNESCO die Scharrbilder auf einem 450 Quadratkilometer umfassenden Gebiet zum Weltkulturerbe, und Peru reagiert mit empfindlichen Strafen auf die Beschädigung von Linien. Als Umweltschützer im Jahr 2014 bei einer Protestaktion Spuren an den Linien hinterließen, wurde der für die Aktion verantwortliche Greenpeace-Aktivist zu drei Jahren und vier Monaten Haft auf Bewährung sowie 200 000 Dollar Strafe verurteilt. Ein Lkw-Fahrer, der Anfang 2018 tiefe Rillen in drei Nazca-Linien fuhr, steht noch vor Gericht. Der Staatsanwalt beantragte neun Monate Haft.[55] Viele Geoglyphen liegen jedoch außerhalb des Weltkulturerbe-Gebiets, so wie jene, die bei der Rallye Dakar unter die Räder kamen.

Auf neuen Wegen

Meine Lust auf Entdeckungen ist ungebrochen, und noch immer freue ich mich auf neue Eindrücke und Erlebnisse. Doch nach 40 Jahren Wüste ist für mich der Zeitpunkt gekommen, einen Schritt weiterzugehen. Ich habe Wüsten weltweit wie wohl kein anderer Fotograf fotografiert. In den 1980er-Jahren habe ich mir die ganze Sahara angesehen, in den 1990er-Jahren die übrigen Wüsten Afrikas. In den 2000er-Jahren folgten Wüsten überall auf der Erde. 2010 kamen die Polarwüsten dazu, mit denen ich in jeder Hinsicht noch einmal neues Terrain betrat. Nach etwa 300 Reisen, 2000 Vorträgen und 30 Büchern bin ich nun an dem Punkt angelangt, dass ich zwar nicht alles, aber, wie ich glaube, das Schönste von allen Wüsten dieser Erde gesehen, fotografiert und gezeigt habe. Nun könnte ich mich nur noch wiederholen. Es gibt halt nur ein Deadvlei, nur einen Lake Eyre, nur einen Salar de Uyuni, nur ein Guelta d'Archei, nur eine Ténéré. Oder ich müsste in die »zweite Reihe« gehen, um Neues zeigen zu können, und das wäre schlichtweg nicht mehr so stark. Hinzu kommt, dass, wie erwähnt, viele Wüstengebiete nun tabu, weil von Islamisten beherrscht sind.

Ich werde mich nicht ganz von den Wüsten verabschieden, denn sie sind bis heute meine große Leidenschaft und werden es wohl immer bleiben, doch für meinen Beruf – die Fotografie und Vorträge – habe ich mir ein neues Ziel gesucht. So sind im derzeitigen Projekt, an dem ich seit nunmehr einem Jahr arbeite, Wüsten noch ein Teil, aber eben nur *ein* Teil. Die anderen Teile sind alle anderen Landschaftszonen dieser Erde – die

Umringt von äthiopischen Kindern genieße ich auf meiner bislang letzten Wüstenreise einen Espresso.

Tundra, die Taiga, die Savannen, die Steppen, die Hochgebirge … –, mit Betonung auf *alle.* Die ganze Welt aus der Hand eines einzigen Fotografen. Das ist ein zugegebenermaßen extrem ehrgeiziges Vorhaben und wird mich mindestens fünf Jahre beschäftigen – und eine Stange Geld kosten. Doch es ist, wie es zu Anfang mit den Wüsten war, ein Projekt ohne Konkurrenz. Denn entweder konzentrieren sich Fotografen auf bestimmte Landschaften – so wie ich bislang auf die Wüste –, auf einzelne Länder oder Themen, oder die Welt umfassende Projekte, wie zum Beispiel *Der Blaue Planet,* sind eine Gemeinschaftsarbeit mehrerer Fotografen und/oder Filmteams.

Nicht nur die Größe des Projekts ist eine Herausforderung. Nach Jahrzehnten der Wüstenfotografie betrete ich auch Neuland, was mein Handwerk, das Fotografieren, betrifft. In der Wüste hat man fast immer einen freien Blick auf den Horizont, im Regenwald hingegen oder in einer Gebirgsschlucht ist die

Auf dem Weg nach Marokko
وليلي
Mit dem Mofa nach Afrika? Und was daraus wurde
Cote'Azur, Andalusien, Gibraltar, Hoher Atlas u. Marrakesch.
Stationen einer Reise in die marokkanische Sahara.
Diavortrag - Anregungen und Tips
Kartenvorbest. unter 496760
3,50 DM
KRESSLESMÜHLE Mo. 3. Mai 20^{00} UHR

Sicht beengt, die gesamte Umgebung unübersichtlich. Es gelten überhaupt völlig andere Regeln. Aber die Erfahrungen der vergangenen Jahrzehnte werden mir bei diesen Reisen hilfreich sein – so wie sie es im Übrigen auch für mein Leben zu Hause sind.

Mein Freund Achim Mende und ich bewarben mit diesem Plakat unseren ersten Wüstenvortrag.

Glossar

Adobe Luftgetrocknete Lehmziegel, die früher vor allem im südlichen Nordamerika, in Nordafrika, im Vorderen Orient sowie in China zum Hausbau verwendet wurden.
Altiplano (Hochland) Abflusslose Hochebene, die sich zwischen den Hochgebirgsketten der West- und der Ost-Anden erstreckt und vom Südosten Perus bis nach Westbolivien reicht.
Altweltlicher Trockengürtel Das Wüstenband, das sich mit wenigen Unterbrechungen von der Sahara bis zur Gobi zieht. Der Begriff »Altweltlich« leitet sich von der »Alten Welt« her – einer historischen Bezeichnung für die Kontinente, die vor der Entdeckung Amerikas bekannt waren: Europa, Afrika und Asien.
Buran In Mittelasien Bezeichnung für den Sand transportierenden Wüstenwind.
Camanchaca Ein dichter Nebel, der sich in der Küstenregion der Atacama bildet und keinen Niederschlag erzeugt. In Peru wird er Garua genannt.
Creek In den Wüsten Nordamerikas und Australiens ein Trockenflussbett, das nach heftigen Niederschlägen Wasser führen kann.
Deel Der traditionelle, bis zu den Waden herabreichende Umhang der mongolischen Nomaden. Als Schutz gegen die eisigen Wintertemperaturen ist der »Winter-Deel« mit Schaf- oder Ziegenfell gefüttert.
Djellaba Das traditionelle Männergewand in den nordafrikanischen Ländern. Ein langärmeliger Überwurfmantel, in Marokko in der Regel mit einer spitzen Kapuze.

Draa Große Sanddünen, vor allem in der Rub al-Khali auf der Arabischen Halbinsel und in der Namib-Wüste.

Dsud Mongolische Bezeichnung für einen intensiven Kälteeinbruch im Winter. Der Dsud wird insbesondere von den Nomaden sehr gefürchtet, weil ihre Tiere keine Nahrung mehr finden und ganze Herden verenden.

Els Weitflächige Dünengebiete in der Gobi, beispielsweise Khongor Els oder Khongoryn Els.

Erg Ausgedehntes, geschlossenes Dünenfeld.

Guelta Natürliche Wasserstelle, die aus Rinnsalen oder Grundwasser gespeist wird.

Guerba Ein aus einem Ziegenfell gefertigter Sack, in dem die Nomaden in der Sahara ihr Wasser transportieren.

Hammada Fels- und Steinwüste beziehungsweise Geröllwüste.

Harmattan In Mauretanien Bezeichnung für den Sand transportierenden Wüstenwind.

Lebendes Museum Ein in Namibia entwickeltes Modell, in kommunalen Schutzgebieten – den *conservancies* – den dort lebenden Himba oder den San die Verantwortung über die Wildtiere zu übertragen, verbunden mit dem Recht, an allen touristischen Verwertungsformen teilzuhaben. Eines von derzeit sechs bestehenden Museen ist das Little Hunter's Museum der Ju|'hoansi-San in der Nyae Nyae Conservancy bei Tsumkwe.

Outback In Australien Bezeichnung für die Regionen abseits der Zivilisation. Landschaftlich umfasst dies Wüsten und Steppenregionen im Zentrum und Westen des Kontinents, aber auch unerschlossene Regenwälder in Queensland.

Reg Kieswüste.

Saguaro Der typische Kandelaber-Kaktus in der Sonora-Wüste. Der Kaktus muss über 70 Jahre alt sein, ehe er sich das erste Mal verzweigt, und er kann über 200 Jahre alt werden.

Salar (Salzsee) Ständiger oder zeitweise vorhandener, meist abflussloser flacher See in trockenen Gebieten. Wenn das Wasser verdunstet, reichern sich die darin gelösten Minerale an und bilden Salz.

Samum In Algerien Bezeichnung für den Sand transportierenden Wüstenwind.

Schott In den nordafrikanischen Ländern Bezeichnung für Salzseen in der Wüste.

Schwemmfächer Flache, fächerartige Ablagerung von Sedimenten, die durch plötzliche Verringerung des Gefälles in einem Fluss entsteht. Schwemmfächer bilden sich überwiegend dort, wo Flüsse aus einem Gebirge in ein weites flaches Tal ausfließen.

Serir Kieswüste.

Steinpflaster (Wüstenpflaster) Gröberes Sedimentmaterial, das zurückbleibt, wenn das feinere Material ausgeblasen wurde.

Taguella Das Fladenbrot der Tuareg, das meist in der Asche eines Feuers gebacken wird.

Tamascheq Die Sprache der Tuareg.

Tassili Plateauberg-Landschaft im Südosten Algeriens.

Tekatkat Das knöchellange Übergewand der Tuareg.

Tuareg Ursprünglich aus der libyschen Provinz Fezzan stammendes Berbervolk, dessen Lebensraum sich über das gesamte Gebiet der Sahara und des Sahel erstreckt. Die Tuareg sprechen eine eigene Sprache (Tamascheq) und verfügen über eine weitgehend eigenständige Kultur, die vom Nomadenleben geprägt ist.

Wadi Trockenflussbett, das nach heftigen Niederschlägen Wasser führen kann, dann unter Umständen in großen Mengen.

Anmerkungen

1 Die Wette ist zu sehen auf https://www.youtube.com/watch?v=fP3BXxrl51w (abgerufen am 2. Januar 2019).
2 https://www.sand.world/sand-sammlung/index.php (abgerufen am 2. Dezember 2018).
3 https://www.ip.de/fakten_und_trends/news/mythen_des_medienalltags.cfm (abgerufen am 2. Dezember 2018).
4 https://physik.cosmos-indirekt.de/Physik-Schule/Chinesische_Sternenkonstellationen (abgerufen am 2. Dezember 2018).
5 Falchi, Fabio; Cinzano, Pierantonio et al.: »The new world atlas of artificial night sky brightness«, in: *Science Advances* 2(6), 2016; DOI: 10.1126/sciadv.1600377.
6 https://www.eso.org/public/germany/teles-instr/lasilla/ (abgerufen am 1. November 2018).
7 https://www.eso.org/public/germany/teles-instr/paranal-observatory/vlt/ (abgerufen am 1. November 2018).
8 https://www.eso.org/public/teles-instr/elt/ (abgerufen am 1. November 2018).
9 https://www.wissenschaft.de/magazin/weitere-themen/mit-eseln-und-kamelen/ (abgerufen am 25. Dezember 2018).
10 https://www.wissenschaft.de/astronomie-physik/wueste-duengt-urwald/; http://www.spiegel.de/

wissenschaft/natur/windduese-saharastaub-laesst-amazonas-dschungel-spriessen-a-711792.html; https://www.geo.de/natur/oekologie/8587-rtkl-ohne-wueste-kein-regenwald (abgerufen am 16. Dezember 2018).

11 https://www.umweltbundesamt.de/themen/nachhaltigkeit-strategien-internationales/antarktis/die-antarktis/das-klima-der-antarktis.

12 Kröpelin, Stefan, et al.: »Climate-Driven Ecosystem Succession in the Sahara: The Past 6000 Years«, in: *Science,* Vol. 320, 9. Mai 2008.

13 https://www.tagesspiegel.de/weltspiegel/folgen-des-klimawandels-im-griff-der-wueste/1782474.html (abgerufen am 9. Dezember 2018).

14 https://www.drk.de/hilfe-weltweit/wann-wir-helfen/wiederaufbau-was-macht-das-rote-kreuz/katastrophe/mongolei-extreme-kaelte/ (abgerufen am 9. Dezember 2018).

15 https://www.namibiatourism.com.na/blog/EXTREME-NAMIBIA-The-World-s-HIGHEST-Dunes (abgerufen am 3. Januar 2019).

16 http://english.alarabiya.net/en/features/2017/02/07/Video-Take-a-look-at-the-highest-sand-dune-in-the-world.html (abgerufen am 7. Dezember 2018).

17 https://journals.openedition.org/etudesafricaines/19 (abgerufen am 7. Dezember 2018).

18 Kringiel, Danny: »Der einsamste Baum der Welt«, in: *Spiegel Online,* 11. Oktober 2016.

19 »Gummiarabikum. Unbekannt und unentbehrlich«, in: *Le Monde diplomatique,* deutsche Ausgabe vom 8. April 2011.

20 http://www.met.gov.na/national-parks/cape-cross-seal-reserve/214/ (abgerufen am 18. Januar 2019).

21 http://www.desertelephantconservation.org/About DesertElephants.html; http://www.desertelephant.org/elephant-conservation-volunteer/desert-elephants-namibia.html (abgerufen am 1. Dezember 2018).

22 Presserklärung der Namibia Wild Horses Foundation vom 19. November 2018.

23 Drake, N., Bristow, C.: »Shorelines in the Sahara: Geomorphological Evidence for an Enhanced Monsoon From Palaeolake Megachad«, in: *The Holocene* 16 (6), 2006, S. 901–911.

24 https://www.spektrum.de/news/das-aelteste-boot-von-afrika/340800, (abgerufen am 7. Januar 2019).

25 https://cordis.europa.eu/news/rcn/31461/de, https://www.uni-kiel.de/aktuell/pm/2008/2008-088-klima-sahara.shtml (abgerufen am 4. Januar 2019).

26 https://www.3landesmuseen.de/Grabung-in-Niger-2007.668.0.html (abgerufen am 3. Dezember 2018).

27 https://www.spektrum.de/magazin/die-fossilienschaetze-der-gobi/822099 (abgerufen am 10. Januar 2019).

28 Ebda.

29 https://www.faz.net/aktuell/gesellschaft/gobi-baer-tappt-durch-die-wueste-und-kaut-rhabarber-12263986.html (abgerufen am 6. Januar 2019).

30 »For Arizona Hikers, an Unknowing Descent to Death«, https://www.washingtonpost.com/archive/politics/1997/08/15/for-arizona-hikers-an-unknowing-descent-to-death/6baee11f-8f6d-4fee-ada1-2b0d94435903/?noredirect=on&utm_term=.60eaf0363e61 (abgerufen am 3. Dezember 2018).

31 »Mehr Regen bringt keinen Segen«, Beitrag im Deutschlandfunk vom 4. September 2017; https://www.deutschlandfunk.de/klimaaenderungen-in-der-sahelzone-mehr-regen-bringt-keinen.676.

de.html?dram:article_id=395066; abgerufen am 20. Oktober 2018.

32 »Billige Vitamine«, Beitrag im Deutschlandfunk vom 21. Mai 2006; https://www.deutschlandfunk.de/billige-vitamine.716.de.html?dram:article_id=90338 (abgerufen am 20. Oktober 2018).

33 https://www.spektrum.de/lexikon/biologie/wasser reservoirfrosch/70316 (abgerufen am 25. Januar 2019).

34 *Zeit* vom 3. Juni 2011.

35 Ilija Trojanow, *Der Weltensammler.* © 2006 Carl Hanser Verlag GmbH & Co. KG, München.

36 https://www.aec.gov.au/indigenous/milestones.htm (abgerufen am 15. November 2018)

37 https://www.wissenschaft.de/gesellschaft-psychologie/landkampf-in-botswana/ (abgerufen am 23. Dezember 2018).

38 »Auf Safari! Fragwürdige Stereotypen der Tourismuswerbung«, in: *Indaba* 72/2011, ein Magazin des Dokumentations- und Kooperationszentrums Südliches Afrika, S. 19 f.

39 »Himba, Buschmänner und Löwen. Wildnis- und Kulturmarketing in Namibia«, Dokumentation von Werner Zips und Manuela Zips-Mairitsch von 2015.

40 http://snowbirdsdestinations.com/arizona/quartzsite/index.htm (abgerufen am 21. Dezember 2018).

41 Helm, Dieter: Biologie der Kakteen 2. Evolution – Ökophysiologie – Blütenbiologie, Selbstverlag 2010.

42 »Ulan-Bator: Die Erben von Dschingis Khan«, in: National Geographic, 5/2012, S. 74–91.

43 http://www.manager-magazin.de/unternehmen/energie/saudi-aramco-bloomberg-enthuellt-bilanzzahlen-a-1202820.html (abgerufen am 11. November 2018).

44 https://www.welt.de/reise/Fern/article157070362/Warum-Dubai-die-Vergeudung-von-Wasser-fast-egal-ist.html (abgerufen am 12. November 2018).

45 https://de.wikipedia.org/wiki/Wasserverbrauch#cite_note-rwe-4 (abgerufen am 12. November 2018).

46 https://www.sueddeutsche.de/wissen/meerwasserentsalzung-wie-dubai-dem-meer-trinkwasser-abringt-1.3630919 (abgerufen am 12. November 2018).

47 »Deutsche Kühe für Katar«, in: *Der Spiegel* vom 8. Januar 2018.

48 https://www.welt.de/politik/specials/wikileaks/article13199210/Saudi-Arabien-alimentiert-7000-geldgierige-Prinzen.html (abgerufen am 18. November 2018).

49 https://www.williamscattlecompany.com.au/anna-creek/ (abgerufen am 22. November 2018).

50 https://www.welt.de/vermischtes/article132549207/Zisch-und-wieder-faellt-ein-Vogel-tot-vom-Himmel.html (abgerufen am 16. November 2018).

51 https://www.dewa.gov.ae/en/customer/innovation/renewable-energy/facts-about-the-solar-park (abgerufen am 13. November 2018).

52 https://www.visitdubai.com/de/business-in-dubai/why-dubai/news-and-insights/agriculture-sector-innovation-dubai (abgerufen am 13. November 2018).

53 https://www.sa.gov.au/topics/business-and-trade/licensing/mining/opal-mining-precious-stones-prospecting-permit (abgerufen am 22. November 2018).

54 https://de.reuters.com/article/libyen-wasser-idDEKBN1D01LF und https://www.deutschlandfunk.de/vor-25-jahren-gaddafis-achtes-weltwunder.871.de.html?dram:article_id=364253 (abgerufen am 16. November 2018).

55 »Lkw überfährt Weltkulturerbe«, *Stuttgarter Nachrichten* vom 31. Januar 2018; https://www.perutelegraph.com/news/peru-nature-environment/greenpeace-activist-sentenced-for-damaging-nazca-lines (abgerufen am 16. November 2018).